Garthe | Kubetzki • Tracking – Der gläserne Vogel

Stefan Garthe
Ulrike Kubetzki

Tracking – Der gläserne Vogel

Erkenntnisse, Berichte und Reportagen aus der Praxis

AULA-Verlag Wiebelsheim

Prof. Dr. Stefan Garthe
Forschungs- und Technologiezentrum
Westküste (FTZ) der Universität Kiel
Hafentörn 1
25761 Büsum
E-Mail: garthe@ftz-west.uni-kiel.de

Dr. Ulrike Kubetzki
Forschungs- und Technologiezentrum
Westküste (FTZ) der Universität Kiel
Hafentörn 1
25761 Büsum
E-Mail: kubetzki@ftz-west.uni-kiel.de

Bibliografische Information der Deutschen Nationalbibliothek
Die Deutsche Nationalbibliothek verzeichnet diese Publikation in der Deutschen Nationalbibliografie; detaillierte bibliografische Daten sind im Internet über http://dnb.d-nb.de abrufbar.

Umschlagfotos: Basstölpel: Johannes Kranich/AdobeStock; Kaiserpinguine: Mario Hoppmann/AdobeStock; Heringsmöwe: Stefan Garthe; Trottellummen-Kolonie auf Funk Island: Stefan Garthe.

Druck und Verarbeitung: Print Consult GmbH, München
Printed in Europe/Imprimé en Europe
ISBN 978-3-89104-860-3

MIX
Papier | Fördert gute Waldnutzung
FSC® C084279
www.fsc.org

Inhaltsverzeichnis

Basstölpel (*Morus bassanus*), der größte Seevogel des Nordatlantiks.

1 Vorwort

Wie entlockt man Tieren die Geheimnisse ihrer Lebensweise, wenn sie an Orten leben, die für Menschen unerreichbar sind? Diese Frage hat Forschende über Jahrhunderte beschäftigt. Lange Zeit blieb kein anderer Ausweg, als die Tiere, über die man etwas erfahren wollte, zu töten und anschließend zu untersuchen. So konnte umfangreiches Wissen zu Körperbau, Formen und Maßen vieler Arten zusammengetragen werden. Doch wie funktioniert der lebende Organismus? In Zoos und Wildparks lassen sich Tiere zwar rund um die Uhr beobachten, aber verhalten sie sich in Gefangenschaft wirklich genauso wie in freier Wildbahn? Zu Recht blieben Zweifel und viele offene Fragen. Die Erforschung von frei lebenden Wildtieren war lange nur sehr begrenzt möglich und so ist es nicht verwunderlich, dass die goldene Ära der Vogelkunde weit vor dem digitalen Zeitalter begann, denn viele Vogelarten lassen sich in ihrem natürlichen Lebensraum unkompliziert studieren, ohne die Tiere zu stören. Bis heute liefert die Ornithologie einen immensen Fundus an Wissen, welcher sich aber nicht nur auf die Lebensweise von Vögeln beschränkt. Viele Zusammenhänge, Grundmuster und allgemeingültige Regeln, die hier entdeckt

Weißstörche (*Ciconia ciconia*) gehören durch Beringung und Besenderung zu den weltweit am besten untersuchten Vogelarten.

Der Fanggarten auf Helgoland, eine der berühmtesten Beringungsstationen der Welt.

und verstanden werden, lassen sich auch auf andere Tierarten bis hin zum Menschen übertragen.

Ende des 19. Jahrhunderts gab es in der Vogelkunde einen regelrechten Quantensprung. Der Däne Hans Christian Cornelius Mortensen begann als Erster mit der wissenschaftlichen Vogelberingung in großem Stil. Das gewaltige Potenzial der Methode wurde von anderen Forschenden schnell erkannt und verbreitete sich in kurzer Zeit in ganz Europa, sodass der Kenntnisstand zum Zugverhalten, zur Verbreitung, Lebensdauer, Sterblichkeit und Fortpflanzung von Vögeln ein völlig neues Niveau erreichte.

Die Beringung wurde lange Zeit ausschließlich mit kleinen Metallringen durchgeführt. Diese enthalten eine individuelle Kennung aus Zahlen und oft auch Buchstaben. In den verschiedenen Beringungsstationen wie z. B. Helgoland, Greifswalder Oie oder Mettnau werden neben der regelmäßigen Beringung auch Wiederfänge (bereits beringte Vögel) abgelesen und dadurch Informationen über das Zugverhalten gesammelt. Ringwiederfunde erfolgen zudem durch verstorbene Vögel, die z. B. im Spülsaum an Stränden entdeckt werden. Dies birgt jedoch den großen Nachteil, dass man zu wenig über das Verhalten und die genaue Lebensweise des Individuums erfährt. Ein toter Vogel am Ufer könnte auch ganz woanders gestorben und durch die Strömung über hunderte Kilometer an den Fundort gelangt sein. Seit der Entwicklung von Farbringen ist die Ringablesung am lebenden Vogel per Fernglas oder Spektiv (Beobachtungsfernrohr) möglich, was wesentlich präzisere Aussagen über Verbreitung und Zugwege zulässt. Farbringe sind aus Kunststoff und wesentlich größer, sodass man die individuelle Kennung im Gegensatz zu den Metallringen auch über größere Entfernungen erkennen kann. Aber auch auf diese Weise blieb die detaillierte Erforschung einzelner Individuen über den gesamten Jahresverlauf sowie über längere Zeiträume lange nur ein Wunschtraum. Das gilt erst recht für die meisten anderen Tierarten.

Es musste also eine neue Methode her, die es möglich machte, die Lebensweise von Wildtieren im gesamten Tages- und Jahresverlauf zu erforschen und sie dabei weder zu töten noch zu stören oder einzuschränken, damit sie sich so normal wie möglich verhalten. In den 1960er-Jahren gelang es schließlich dem US-amerikanischen Meeresbiologen Prof. Gerald Kooyman, ein Gerät zur Messung von Wassertiefen so umzubauen, dass es an Robben und Pinguinen befestigt werden konnte und eigenständig deren Tauchtiefen aufzeichnete.

Kaiserpinguine (*Aptenodytes forsteri*) sind die größten Pinguine. Sie können bis zu 115 cm groß und bis zu 46 kg schwer werden.

Die Weddellrobbe (*Leptonychotes weddellii*) gehört zu den häufigsten Robben in der Antarktis. Sie wurde nach ihrem Entdecker James Weddell benannt, einem britischen Seefahrer und Robbenjäger.

Der erste Prototyp eines Datenloggers war geboren und lieferte spektakuläre neue Erkenntnisse zum Tauchverhalten von Meerestieren. Der Erfolg war bahnbrechend. Die Geräte wurden stetig weiterentwickelt und neue Sensoren gebaut, bis es schließlich gelang, einzelne Tiere über Wochen und Monate sekundengenau in Raum und Zeit zu erforschen. Diese Logger-Geräte haben die Naturwissenschaft förmlich revolutioniert und unser Wissen über die Natur, die Tierwelt und wichtige ökologische Zusammenhänge explosionsartig vermehrt. Aus vielen Forschungszweigen sind Datenlogger nicht mehr wegzudenken, und die Einsatzmöglichkeiten werden ständig erweitert. Der gläserne Vogel, das gläserne Tier, sie sind längst Realität geworden und faszinieren Forschende in der ganzen Welt auf der Suche nach neuem Wissen – jeden Tag aufs Neue. Längst hat sich der Einsatz der Logger-Technologie aus der Meeresbiologie auch an Land etabliert, bis hin zur Anwendung bei Nutz- und Haustieren. Einen neuen Höhepunkt bildete im Jahr 2018 die Installation einer speziellen Antenne auf der Internationalen Raumstation (ISS) durch den deutschen Astronauten Alexander Gerst und sein Team. Im Rahmen des Projektes ICARUS, das von Prof. Martin Wikelski vom Max-Planck-Institut in Radolfzell geleitet wird, soll mithilfe neuer, für dieses Antennensystem entwickelte Datenlogger langfristig die Beobachtung von Tierwanderungen auf der ganzen Erde ermöglicht werden.

Wir Autoren hatten das große Glück, die Entwicklung der spektakulären Logger-Technologie seit Anfang der 1990er-Jahre als Studierende in der Arbeitsgruppe Meereszoologie am Institut für Meereskunde (dem heutigen Helmholtz-Zentrum für Ozeanforschung GEOMAR) in Kiel hautnah miterleben zu dürfen. Geleitet von Prof. Dieter Adelung,

Die Internationale Raumstation (ISS). Sie kreist in ca. 400 km Höhe um die Erde, ist seit 2000 dauerhaft bewohnt und die bisher größte und langlebigste Raumstation in der Geschichte der Menschheit.

beinhaltete sie die einzige Pinguinforschungsgruppe in Deutschland und forschte über viele Jahre im Rahmen des Schwerpunktprogrammes Antarktis, das von der Deutschen Forschungsgemeinschaft (DFG) finanziert wurde. Einsatz und Weiterentwicklung der Logger-Technologie standen im Zentrum der Arbeit, und die Arbeitsgruppe gehörte damals weltweit zu den wenigen Anwendern dieser brandneuen Methode. Prof. Rory Wilson hatte sich als Mitglied der AG bereits seit den 1980er-Jahren der Logger-Technologie verschrieben. Die sprühende Begeisterung für seine Arbeit war hoffnungslos ansteckend. Mittlerweile an der Universität in Swansea, Wales tätig, hat er bis dato unzählige Studierende, Doktoranden, Postdocs und Forschende weltweit geprägt, inspiriert und in Zusammenarbeit mit Ingenieuren, Elektrotechnikern und weiteren Spezialisten zahlreiche neue Sensoren und Loggertypen entwickelt. So konnten die Einsatzmöglichkeiten immer wieder erheblich erweitert werden.

Mit diesem Buch möchten wir die Leserinnen und Leser herzlich zu einer Reise in die faszinierende Welt der gläsernen Vögel einladen. Wir zeichnen dabei den abenteuerlichen Weg vom ersten Logger-Prototypen bis zu den winzigen High-Tech-Geräten der heutigen Generation nach. Anhand ausgewählter Forschungsprojekte, die von den Autoren selbst sowie in Zusammenarbeit mit Kolleginnen und Kollegen und Mitgliedern verschiedener Arbeitsgruppen im Verlauf von fast 25 Jahren mithilfe der Logger-Technologie bearbeitet werden konnten, möchten wir den Lesern auch einen kleinen Einblick in die Welt der Naturwissenschaften geben.

Wie läuft naturwissenschaftliche Forschung überhaupt ab? Wie ergeben sich die vielen Fragen und Projekte, in denen Forschende überall auf der Welt tagtäglich nach neuen Erkenntnissen und Antworten auf wichtige Fragen suchen, die uns alle betreffen und dabei helfen sollen, unsere Welt besser zu verstehen? In Kapitel 2 gehen wir ausführlicher darauf ein. Es steht weitgehend für sich selbst und wer gern sofort in die Geschichte der Logger-Technologie einsteigen möchte, kann es einfach überspringen oder später lesen. Wir wünschen Ihnen und Euch eine gute Reise und gute Unterhaltung!

Aus Gründen der besseren Lesbarkeit wird auf die gleichzeitige Verwendung der Sprachformen männlich und weiblich weitgehend verzichtet. Sämtliche Personenbezeichnungen gelten selbstverständlich für alle Personen.

Stefan Garthe & Ulrike Kubetzki
Kiel, August 2023

Ehemaliges Hauptgebäude des Instituts für Meereskunde (IfM) auf dem Kieler Westufer. 2012 wurde das IfM in GEOMAR Helmholtz-Zentrum für Ozeanforschung Kiel umbenannt. Es gehört zu den weltweit führenden Einrichtungen auf dem Gebiet der Meeresforschung (mit Sitz in Europa) und ist heute auf dem Kieler Ostufer beheimatet.

2 Die Welt der Naturwissenschaften

Eine spektakuläre Entdeckung zu machen oder eine bahnbrechende Methode zu erfinden, wie es mit der Entwicklung der Logger-Technologie gelungen ist, ist der Traum vieler Studierender, kommt im wissenschaftlichen Alltag allerdings nicht so oft vor. In den meisten Fällen sind es viele kleine Schritte, Erfolge und Etappensiege, die den Erkenntnisgewinn kontinuierlich vorantreiben. Dieser Prozess verläuft selten geradlinig und vorwärtsgerichtet. Rückschläge sind Teil der Forschung, nicht selten bedingt durch Sachzwänge, Geldmangel oder politische Entscheidungen.

Die Corona-Krise hat deutlich gemacht, in welchem Spagat sich Forschende ständig befinden. Seriöse wissenschaftliche Aussagen können nur auf dem aktuellen Stand des Wissens getroffen werden. Kommen neue Erkenntnisse hinzu, müssen Aussagen überprüft, angepasst oder sogar revidiert werden. Das stößt nicht immer auf Verständnis oder Begeisterung bei denjenigen, die sich an wissenschaftlichen Einschätzungen orientieren wollen oder müssen. Es ist aber das Grundprinzip seriöser Wissenschaft.

Schwierig wird es auch, wenn Wissenschaftler auf wichtige Forschungsergebnisse hinweisen, diese aber über lange Zeiträume ignoriert werden. Beispielhaft zu nennen seien hier der Rückgang der Artenvielfalt, der Klimawandel, die Fischereipolitik oder das Problem des Plastikmülls in den Meeren, vor deren Folgen Forschende bereits seit Jahrzehnten mehr oder weniger erfolglos warnen. Dies betrifft auch die langjährigen Warnungen vor einer Pandemie, die wir alle ab dem Jahr 2020 dann tatsächlich schmerzhaft erleben mussten. Neben der schlechten Vorbereitung und den wirtschaftlichen Fehlentwicklungen, die sich unter anderem in einem massiven Mangel an Schutzkleidung und Atem-

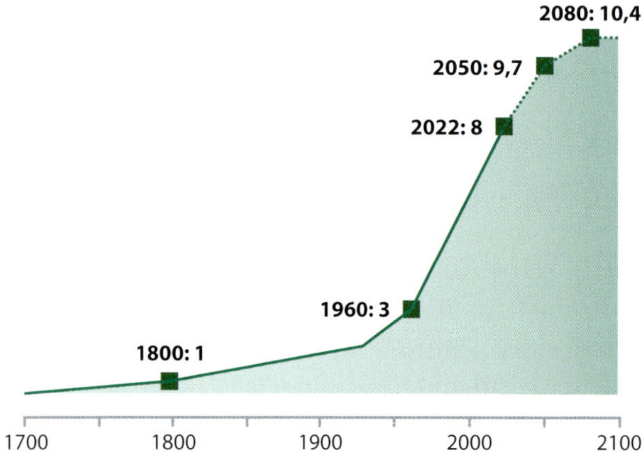

Bevölkerungswachstum weltweit (in Milliarden Menschen). Prognosen zur Entwicklung der Weltbevölkerung ab 2022.
Quelle: Vereinte Nationen (UN).

schutzmasken zeigten, wurden die Ursachen, die Pandemien begünstigen, zu lange ignoriert. Dazu gehört beispielsweise das massive Bevölkerungswachstum, das von den Vereinten Nationen (UNO) mit einem Anstieg der Weltbevölkerung von aktuell fast acht Milliarden auf weit über zehn Milliarden Menschen bis zum Jahr 2100 prognostiziert wird. Zum Vergleich: Im Jahr 1800 lebten nur eine Milliarde Menschen auf der Erde. Die Ressourcen unseres Planeten sind begrenzt, aber der Bedarf an Energie, Platz, gesunder Nahrung und sauberem Wasser nimmt immer weiter zu, und die damit verbundene Zerstörung natürlicher Lebensräume schreitet rasant voran. Der Mensch rückt den Tieren buchstäblich auf den Pelz. Dadurch kommt es automatisch zu einem engeren Kontakt und Krankheitserreger haben leichtes Spiel. Sämtliche Erreger von Seuchen, wie Pocken, Pest, Masern oder Tuberkulose, wurden ursprünglich vom Tier auf den Menschen übertragen. Auch wenn der Ursprung von Sars-CoV-2 bislang nicht eindeutig geklärt werden konnte, müssen wir uns wohl darauf einstellen, dass die Covid-19-Pandemie nicht die letzte Pandemie bleiben wird, solange die Ursachen der grundlegenden Probleme unseres Planeten nicht gelöst werden.

Forschung und Bildung

Einer der zentralen Bausteine dafür ist der Zugang zu Bildung. Das gilt für alle Menschen weltweit, auch für Deutschland. Deutschland besitzt keine nennenswerten Vorkommen an wertvollen Edelmetallen und Rohstoffen, wie z. B. Gold, Diamanten, Erze oder Erdöl, die unseren Wohlstand langfristig sichern könnten. Unser Kapital besteht vor allem aus gut ausgebildeten, schlauen Köpfen, Wissen und technischem Knowhow. Deshalb sind Forschung und Bildung, der Zugang zu Wissen sowie Ausbildungen mit hohen Qualitätsstandards in unserem Land besonders wichtig. Zudem können die drängenden Probleme unseres Planeten heutzutage nicht mehr national, sondern oft nur noch in Zusammenarbeit mit einer international vernetzten, globalen Forschergemeinschaft über alle Grenzen, Kulturen, Konfessionen und politischen Entwicklungen hinweg gelöst werden. Die Kommunikation zwischen den Wissenschaftlern, die „Wissen schaffen", und den Menschen, die dieses Wissen benötigen, z. B. für ihre politischen Entscheidungen oder wenn sie die Konsequenzen daraus zu tragen haben, wird besonders in Zeiten von Fake News und „alternativen Fakten", sprich Lügen, immer wichtiger.

Eine Meinung kann man nur haben, wenn man die Fakten kennt

Um den Wahrheitsgehalt vermeintlicher Fakten besser einschätzen zu können, ist es hilfreich zu wissen, wie deren Entstehung in der Wissenschaft überhaupt abläuft. Der Prozess basiert auf einem bestimmten Denksystem, das im Laufe der akademischen Ausbildung intensiv eingeübt wird. Es soll möglichst tief verinnerlicht werden, sodass es zum Wohl und Nutzen der Gesellschaft angewendet und auch ins private Denken und Handeln übertragen werden kann.

Forschen erfolgt nach strengen Regeln. Das Ziel ist, mithilfe wissenschaftlich anerkannter Methoden, die sich zwischen den Forschungsdisziplinen stark unterscheiden können, nachvollziehbare und überprüfbare Ergebnisse zu erzeugen.

Wissenschaft strebt immer nach der Wahrheit. Dabei ist es egal, ob die Ergebnisse in das eigene Weltbild passen oder nicht. Deshalb ist es wichtig, stets neutral, objektiv und ergebnisoffen an die Arbeit zu gehen. Auch die eigenen Ergebnisse müssen hinterfragt und gegebenenfalls wieder revidiert werden, wenn neue Informationen den bisherigen Kenntnisstand verändern. Daher sind wissenschaftliche Fakten bloßen Meinungen überlegen.

Für das korrekte Verhalten von Forschenden im Rahmen ihrer Arbeit sowie im Umgang miteinander im Wissenschaftssystem gelten klare Regeln, die die Deutsche Forschungsgemeinschaft (DFG) in den „Leitlinien zur Sicherung guter wissenschaftlicher Praxis" zusammengefasst hat. Die ethischen Grundsätze bilden das Fundament der wissenschaftlichen Welt und sollen das Vertrauen der Forschenden untereinander sowie das Vertrauen anderer in die Wissenschaft sichern. Die Leitlinien sowie ein eng damit verbundenes Ombudswesen bilden die Eckpfeiler eines etablierten Selbstkontrollsystems.

Sie sind auf der Webseite der DFG einsehbar:
www.dfg.de/download/pdf/foerderung/rechtliche_rahmenbedingungen/gute_wissenschaftliche_praxis/kodex_gwp.pdf

Bei der Verleihung des akademischen Doktorgrades müssen die Absolventen ein Gelöbnis ablegen, das die Verbindlichkeit und die Verpflichtung zur Einhaltung der wissenschaftlichen Regeln klar zum Ausdruck bringt.

An der Universität Kiel lautet das Gelöbnis der Mathematisch-Naturwissenschaftlichen Fakultät folgendermaßen:

„Ich verpflichte mich, den akademischen Grad, den mir die Fakultät verleihen wird, in Ehren zu halten und nach bestem Wissen und Gewissen die Wahrheit zu suchen und zu bekennen."

Verstöße werden je nach Schwere des Fehlverhaltens unterschiedlich geahndet, im schlimmsten Fall bis zum Entzug des akademischen Titels, wie es in der Vergangenheit z. B. bei mehreren Politikern auf Grund von Plagiatsvorwürfen der Fall gewesen ist.

Eine Gefahr für saubere wissenschaftliche Arbeit kann politische, wirtschaftliche oder auch anders motivierte Einflussnahme darstellen, indem Studien von Firmen, Konzernen oder Lobbyisten finanziert und kontrolliert werden und somit die Objektivität und Freiheit von Gutachtern und Forschenden in Gefahr gerät.

Grundlagenforschung vs. angewandte Forschung

„Wen interessiert das eigentlich, was du da erforschst? Wozu soll das gut sein?“
Das sind typische Fragen, die man als Wissenschaftler von Außenstehenden hin und wieder zu hören bekommt. Grundlagenforscher sind davon häufiger betroffen als Wissenschaftler aus der angewandten Forschung. Aber was genau ist der Unterschied?

In der **Grundlagenforschung** geht es um den reinen Erkenntnisgewinn: Das Ziel ist die Erweiterung des Wissens.

Die Ergebnisse bilden das Fundament unseres gesamten Wissens, sie sind jedoch manchmal erst Jahrzehnte später von konkretem Nutzen. Sobald ein aktuelles Problem im Vordergrund steht, für das eine Lösung gesucht wird, spricht man von **angewandter Forschung**. Das kann die Suche nach einem Heilmittel oder einem Impfstoff gegen eine bestimmte Krankheit sein, die Erforschung von Ursachen und Auswirkungen der Vogelgrippe, des Seehundsterbens, des Rückgangs von Vogelbeständen oder von Brutausfällen sowie die Erarbeitung geeigneter Maßnahmen, um Missstände zu beheben. Auch Konflikte zwischen Mensch und Natur können solche Lösungen erfordern, wie z. B. Studien zum Einfluss von Windparks auf Zug- oder Brutvögel.

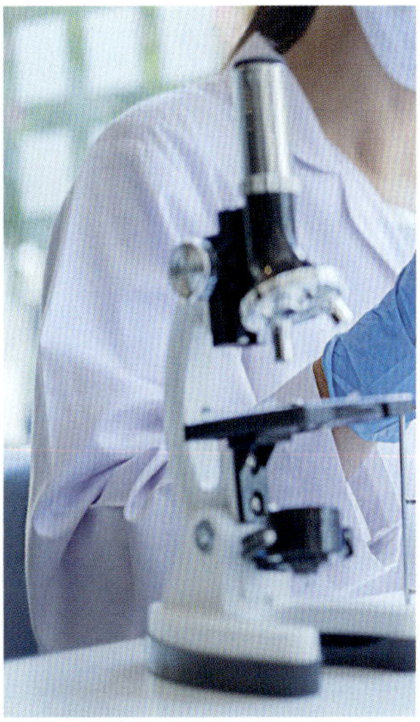

Der große Vorteil gegenüber der reinen Grundlagenforschung liegt bei der angewandten Forschung darin, dass man die Notwendigkeit und den konkreten Nutzen seiner Arbeit gegenüber Dritten, ob Gesellschaft, Politik oder potenziellen Geldgebern, sehr genau erklären kann. Gerade für Politiker, die in kurzen Legislaturperioden denken, ist es oft wenig attraktiv, dass Forschungsergebnisse vielleicht erst in zehn oder zwanzig Jahren oder sogar noch später wirtschaftlich nutzbar sind, obwohl die Grundlagenforschung erst Lösungen für angewandte Fragestellungen ermöglicht. Anerkennung und finanzielle Unterstützung für die Grundlagenforschung zu erhalten ist daher oft wesentlich schwieriger. Der Nachteil der angewandten Forschung ist, dass man es fast immer mit Problemthemen zu tun hat, die in der Gesellschaft oder Politik oft kontrovers und emotional diskutiert werden. Die Ergebnisse passen vielleicht nicht in das ideologische Meinungsbild einzelner Gruppen oder können für einige Personenkreise Nachteile mit sich bringen. Als Forschende steht man dann im Spannungsfeld verschiedener Interessengruppen und muss trotzdem objektiv und neutral bleiben, auch wenn der Gegenwind noch so stark weht oder man sich persönlich vielleicht sogar andere Forschungsergebnisse gewünscht hätte.

Wie entstehen wissenschaftliche Fragestellungen und Projekte?

Als Wissenschaftler hat man einen Überblick über das vorhandene Wissen zu seinem Forschungsthema und weiß, wo noch Antworten und Bausteine fehlen. Oft wirft die Beantwortung einer Frage viele neue Fragen auf.

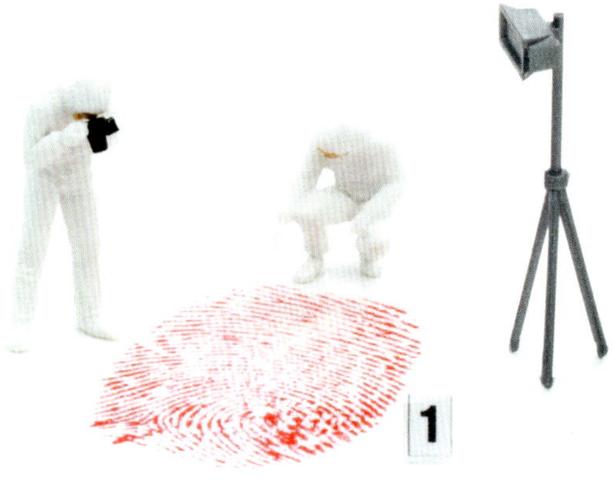

Die Einführung der DNA-Analyse gehört zu den größten Meilensteinen in der Kriminaltechnik. Die Methode stammt aus der Molekularbiologie und wurde von dem britischen Genetiker Alec John Jeffreys entwickelt. 1987 wurde in England weltweit der erste Täter mittels genetischem Fingerabdruck überführt. Bei den Ermittlungen zu einem Doppelmord konnten nach einer Reihenuntersuchung ein Verdächtiger entlastet und der Schuldige gefunden und verurteilt werden.

Für die angewandten Forschungsthemen kommen die Fragen oft von außerhalb, wenn eine bestimmte Expertise zur Lösung eines akuten Problems oder für gesellschaftliche oder politische Entscheidungen benötigt wird. Diese Hilferufe und der entsprechende Forschungsbedarf können aus verschiedenen Richtungen kommen, in unserem Fall z. B. von Vereinen oder sogenannten NGOs (Nicht-Regierungsorganisationen), die bestimmte Naturschutzgebiete betreuen und dort Auffälligkeiten feststellen. Das können Bestandsveränderungen bestimmter Arten, Brutausfälle, Verschiebungen in der Zusammensetzung von Tiergemeinschaften, Krankheiten, Probleme durch Neozoen (eingewanderte Tierarten) oder Ähnliches sein. Im Bereich der erneuerbaren Energien wird wissenschaftliche Expertise von der Politik benötigt, um in den Genehmigungsverfahren für neue Windparks die umweltverträglichsten Standorte zu finden. Solche externen Anfragen werden im Rahmen zeitlich befristeter Forschungsprojekte bearbeitet und über sogenannte Drittmittel finanziert. Als Geldgeber fungieren z. B. Bundes- und Landesregierungen sowie die nachgeordneten Fachbehörden.

Wissenschaftliche Antworten können natürlich nur im Rahmen des methodisch Möglichen geliefert werden. Viele brennende Fragen lassen sich nicht beantworten, weil die technischen Voraussetzungen für die Erforschung (noch) nicht gegeben sind. Manchmal stehen durch den technischen Fortschritt zu einem späteren Zeitpunkt plötzlich geeignete Methoden zur Verfügung und die früheren Fragestellungen können wieder aufgegriffen werden. Als eine der spektakulärsten Methoden sei an dieser Stelle der Nachweis genetischer Fingerabdrücke in Form von DNA-Profilen genannt, der aus der Molekularbiologie stammt. In Deutschland ist die Methode seit dem Ende der 1980er-Jahre in Strafprozessen anerkannt und hat seitdem die Aufklärung unzähliger alter und aktueller Mordfälle und Straftaten ermöglicht. Es kommt aber ebenfalls vor, dass begrenzte finanzielle Mittel der limitierende Faktor für die Forschung darstellen, obwohl die Methodik und Technik längst vorhanden wären.

Ich publiziere, also bin ich

Sinn und Zweck wissenschaftlicher Arbeit ist es, nicht nur neues Wissen zu schaffen, sondern die neuen Erkenntnisse in schriftlicher Form der Welt auch zur Verfügung zu stellen und sie nicht mit ins Grab zu nehmen. Sonst hat schließlich niemand etwas davon.

Bevor neue Forschungsergebnisse veröffentlicht werden können, müssen sie zunächst ein Kontrollverfahren durchlaufen. Damit sollen Unklarheiten oder Fehler, ob vorsätzlich oder versehentlich entstanden, so weit wie möglich ausgeschlossen werden. Der Aufbau von Fachartikeln, sogenannter Paper, folgt in den Naturwissenschaften einer klaren Gliederung, die aus den Teilen Einleitung, Material und Methoden, Ergebnisse und Diskussion besteht und zusätzlich noch eine kurze Zusammenfassung sowie eine Danksagung enthält, um die Personen zu würdigen, die in irgendeiner Weise zum Gelingen der Arbeit beigetragen haben. Sobald ein Artikel fertiggestellt ist, reicht man ihn in der Redaktion einer Fachzeitschrift ein, die ihn zur Begutachtung an mehrere Experten aus dem jeweiligen Fachgebiet weiterleitet. Der strenge Aufbau der Artikel ermöglicht es den Gutachtern, einen schnellen Überblick über die neue Arbeit zu bekommen und mögliche Fehler schneller zu erkennen. Artikel, die vor ihrer Veröffentlichung von unabhängiger Seite begutachtet wurden, bezeichnet man als „peer-reviewed“. Die Gutachter der Fachzeitschriften entscheiden, ob die neuen Erkenntnisse publikationswürdig sind und somit überhaupt Verbreitung finden, oder ob die Veröffentlichung abgelehnt wird.

Darüber hinaus gibt es noch weitere Möglichkeiten Beiträge zu veröffentlichen, z. B. über populärwissenschaftliche Online- oder Printmedien, Stiftungs- oder Vereinszeitschriften. Diese sogenannte „graue Literatur“ wird teils gar nicht oder weniger streng begutachtet und hat

hinsichtlich ihrer wissenschaftlichen Bedeutung daher auch keinen so hohen Stellenwert. Sie ist aber gut geeignet, um wissenschaftliche Ergebnisse und Einschätzungen in allgemeinverständlicher Sprache einer breiteren Öffentlichkeit zugänglich zu machen oder, besonders im Naturschutz, konkrete Hilfestellungen für angewandte Fragen zu geben.

Pioniere haben es nicht leicht

Bahnbrechende neue wissenschaftliche Erkenntnisse, neue Methoden und technische Entwicklungen als Erster in Fachvorträgen und Publikationen zu präsentieren, klingt zunächst einmal sehr verlockend und erstrebenswert. Dass man es als Pionier jedoch oft alles andere als leicht hat, zeigt das Beispiel der Datenlogger-Technologie sehr anschaulich. Der deutsche Philosoph Arthur Schopenhauer hat das Dilemma mit folgendem Zitat auf den Punkt gebracht:
„Jede neue Idee durchläuft drei Stufen:
1. Sie wird verlacht.
2. Sie wird bekämpft.
3. Sie erscheint allen als selbstverständlich.“

Auch den Logger-Pionieren erging es da nicht anders. Als Pionier braucht man nicht nur Mut und Weitblick, sondern auch großes Selbstvertrauen, die Fähigkeit zur Selbstmotivation und enormes Durchhaltevermögen, denn die Stufen 1 und 2 aus Schopenhauers Zitat können sich über viele Jahre erstrecken und sehr zermürbend sein. Die Erfinder, Entwickler und ersten Anwender von Datenloggern hatten die unterschiedlichsten Probleme zu lösen, die sowohl die Technik selbst als auch viele Hürden zwischenmenschlicher Art betrafen – und nicht alle sind dem Thema oder sogar der Wissenschaft treu geblieben. Heute ist die Logger-Technologie als Standardmethode aus der Forschung nicht mehr wegzudenken und fest etabliert. Wie gut, dass sich nicht alle Pioniere von ihrem Weg abbringen ließen.

3 Eine Erfolgsgeschichte: Alles begann mit Pinguinen

Der Mensch ist ohne technische Hilfsmittel nicht in der Lage, umfassende Informationen über das Leben von Meerestieren in freier Wildbahn zu erhalten. Beobachtungen waren lange Zeit nur von Schiffen oder Flugzeugen aus möglich. Die Erforschung von Seevögeln bringt den großen Vorteil mit sich, dass die Evolution hier bisher noch keine schwimmenden Eier hervorgebracht hat und die Tiere daher jedes Jahr für einige Wochen an Land kommen müssen, um ihren Nachwuchs aufzuziehen. Die meisten Seevögel tun dies im Frühjahr und Sommer in Kolonien, die bis zu mehrere hunderttausend Individuen umfassen können. Dort kann man sie gut studieren, und so ist es wenig verwunderlich, dass die meisten Daten über viele Jahrzehnte aus der Brutzeit stammten. Um die Biologie von Meerestieren und ihre Rolle im Ökosystem zu verstehen, ist es jedoch unumgänglich, Informationen über ihre Lebensweise im gesamten Jahresverlauf zu erhalten. Dieses Problem zu lösen gehörte lange zu den größten Herausforderungen der Meeresbiologie.

Als der US-amerikanische Wissenschaftler Prof. Gerald Kooyman 1965 den ersten Prototypen eines Datenloggers an einer Weddellrobbe

Der Königspinguin (*Aptenodytes patagonicus*) ist nach dem Kaiserpinguin die zweitgrößte Pinguinart. Er kann bis zu 95 cm groß und bis zu 15 kg schwer werden.

befestigte, um herauszufinden, wie tief die Tiere tauchen können, war die elektronische Aufzeichnung von Daten dieser Art noch undenkbar. Damals speicherte das Gerät seine Informationen in Form kleiner Linien, die durch den Wasserdruck in eine kohlegeschwärzte Platte eingeritzt wurden. Das eröffnete vollkommen neue Möglichkeiten, Wissen über Tiere zu gewinnen, die sich den Beobachtungsmöglichkeiten des Menschen bisher weitgehend entzogen hatten. Bald darauf rüstete Kooyman den ersten Meeresvogel aus, einen Kaiserpinguin, der mit seinem Körpergewicht von bis zu 40 Kilogramm in der Lage war, die damals noch recht schweren Geräte zu tragen.

Ruhende Weddellrobbe

Die Ära der Datenlogger-Einsätze bei Vögeln hatte mit Pinguinen begonnen. Kooyman erhielt weltweit die ersten Daten zum Tauchverhalten dieser Arten. Dadurch weiß man, dass Kaiserpinguine in der Lage sind, bis über 500 Meter tief zu tauchen.

Mit der Untersuchung des Tauchverhaltens von Pinguinen begann die Ära der Datenlogger-Einsätze bei Vögeln. Im Bild ist ein Königspinguin zu sehen.

Der Mensch kann bei einer solchen körperlichen Leistung nicht mithalten. Zum Vergleich: Der Weltrekord im Gerätetauchen liegt derzeit bei 332 Metern. In metallenen Druckanzügen können Menschen in Tiefen von bis zu 450 Metern vordringen. Apnoetaucher schaffen Tauchgänge bis 200 Meter Tiefe, aber die Gefahr von gesundheitlichen Schäden ist groß.

INFOBOX 1

Was sind Datenlogger?

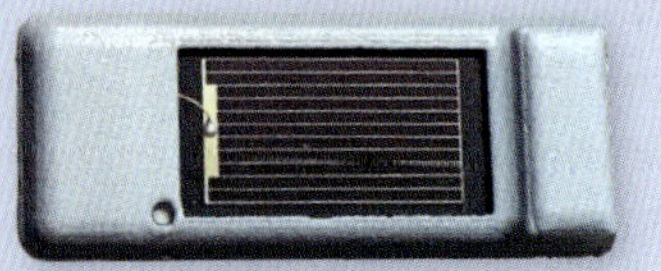

Hierbei handelt es sich um kleine Geräte, die an Wildtieren befestigt werden, um Informationen über ihr natürliches Verhalten in freier Wildbahn zu erhalten. Die Geräte zeichnen Daten auf und speichern sie über einen bestimmten Zeitraum. Der Name kommt vom englischen ‚logging' und bezeichnet das Registrieren und Aufzeichnen von Daten. Nach dem Wiederfang der Tiere und der Rückgewinnung der Geräte können die Daten auf einen Computer geladen und ausgewertet werden. Bei modernen Geräten können die Daten auch teilweise oder vollständig gesendet werden, z. B. über spezifische drahtlose Auslesegeräte oder neuerdings über das Mobilfunknetz.

Woraus bestehen Datenlogger?

Die elektronischen Geräte verfügen in der Regel über eine Batterie, einen Mikroprozessor, einen Datenspeicher, eine Uhr zur Aufzeichnung von Datum und Uhrzeit, unterschiedliche Sensoren (je nach Einsatzzweck) sowie über eine Schnittstelle für die Verbindung zum Computer. Je nach Sensorausstattung können unterschiedliche Parameter gemessen werden, z. B. Temperatur (Körper-, Luft- und Wassertemperatur), Druck (Tauchtiefe bzw. Flughöhe), pH-Wert im Magen, Verdauungsaktivität (Peristaltik), Herzschlagraten, Lichtintensität, Flugrichtung (Kompass) und Beschleunigung (zwei bzw. drei Achsen). Von zentraler Bedeutung ist mittlerweile die Positionsbestimmung über das amerikanische Global Positioning System, ein Satellitennetz rund um die Erde, abgekürzt GPS (analog zum russischen GLONASS-System, das von vielen heutigen Empfängern alternativ oder ergänzend genutzt wird).

Befestigung

Logger sind in sehr kleinen und leichten Ausführungen erhältlich, sodass auch Vögel mit geringer Körpergröße damit ausgerüstet werden können. Besonders leichte Geräte lassen sich am Vogelbein befestigen und können so über längere Zeiträume, z. B. über die Wintermonate, Daten aufzeichnen. Geräte, die am Gefieder z. B. mittels Gewebeband angeklebt werden, lösen sich spätestens bei der Mauser vom Vogel ab. Bei vielen Vogelarten werden die Geräte zur langfristigen Besenderung mittels eines sogenannten Rucksacksystems befestigt. Dabei werden flexible Bänder so am Vogel angebracht, dass sie ihn nicht in seiner Bewegung behindern. Gerade bei dieser Methode muss jedoch sehr genau darauf geachtet werden, dass es keine negativen Auswirkungen auf das Verhalten des Tieres gibt.

Die Logger-Philosophie

Nachdem sich die Wissenschaft lange Zeit mit vielen unbeantworteten Fragen zur marinen Tierwelt abfinden musste – Meere bedecken immerhin 71% unseres Planeten – ist die Technik inzwischen weit fortgeschritten. Das Wissen über Meeres-, aber auch über Landtiere wurde mithilfe elektronischer Datenlogger regelrecht revolutioniert.

Die Entwicklung von Loggern basiert auf zwei Kernideen:

1. Die ausgewählte Tierart muss hinsichtlich ihres Körperbaus in der Lage sein, derartige Kleingeräte überhaupt tragen zu können.
2. Die befestigte Apparatur muss selbstständig Daten aufzeichnen können.

Im digitalen Zeitalter erscheint uns der zweite Punkt heute als selbstverständlich, aber man darf nicht vergessen, dass bis zur ersten Hälfte des 20. Jahrhunderts Wissen in erster Linie mit Tinte und Papier gesichert wurde.

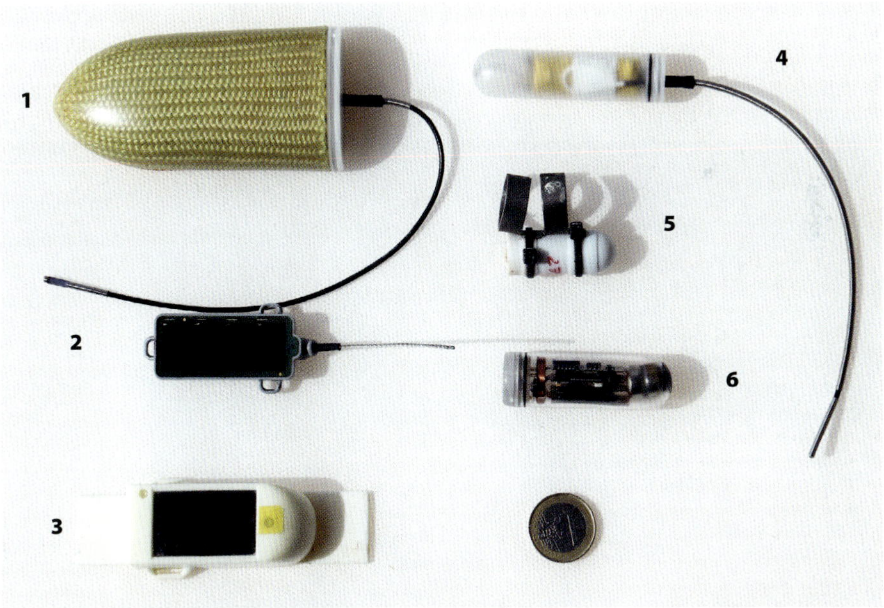

Auswahl verschiedener Datenlogger, rechts unten eine 1-Euro-Münze als Größenvergleich.

1 GPS-Logger der ersten Generation mit Temperatur- und Drucksensoren, Firma Earth & Ocean Technologies, Kiel.
2 GPS-Solar-Sender, Firma e-obs, München.
3 GPS-Solar-Sender mit Drucksensor, Firma Ornitela, Litauen.
4 Kompass-Logger mit Temperatursensor, Firma Earth & Ocean Technologies, Kiel.
5 GeoLT-Logger (Licht und Temperatur), Firma Earth & Ocean Technologies, Kiel.
6 Tauchtiefen-Logger (Druck und Temperatur), Firma Lotek, Kanada.

So stellten die ersten Rekorder von Kooyman und seinem Team seinerzeit einen beachtlichen technischen Fortschritt dar und bildeten sozusagen den Auftakt in eine neue Epoche.

Die Höhen und Tiefen der Pionierarbeit

Nicht alle Forschende und Wegbegleiter haben die Anfänge der Logger-Ära überdauert und sind dem Thema oder sogar der Wissenschaft treu geblieben. Bis die optimale Elektronik, Materialzusammensetzung und Befestigungsmethode der ersten Logger-Generationen gefunden waren, gingen Jahrzehnte des Ausprobierens und unzähliger Achterbahnen aus Fort- und Rückschritten, Erfolgen und Niederlagen ins Land. Wissenschaftliche Expeditionen endeten im Desaster, weil die Geräte trotz umfangreicher Tests im Vorfeld bei der Feuerprobe fernab der Zivilisation versagten. Die Teilnehmer der aufwändigen Antarktisexpeditionen traf es anfangs besonders hart. Mal drang Meerwasser in die Logger-Gehäuse ein und zerstörte die Elektronik, mal löste sich immer wieder das Klebeband, mit dem die Geräte an den Rückenfedern der Pinguine befestigt worden waren, und die Logger versanken mit all ihren Datenschätzen unwiederbringlich im Ozean. Bis weit in die 2000er-Jahre hinein mussten die ausgerüsteten Tiere außerdem

Junge Adeliepinguine (*Pygoscelis adeliae*). Bei Jungtieren ist das Gefieder bräunlich und bekommt erst im Verlauf des ersten Lebensjahres die markante weiß-blau-schwarze Färbung. Der Seefahrer Jules Dumont d'Urville benannte die Art nach seiner Frau Adélié.

ein zweites Mal gefangen werden, um die Geräte und die darin enthaltenen Daten zurückzubekommen. Aber wie um alles in der Welt findet man die beloggerten Vögel in einer Kolonie zwischen hunderttausenden Artgenossen wieder, die sich gleichen wie ein Ei dem anderen? Spoileralarm: Man markiert die Vögel z. B. an einer kleinen Stelle mit speziellen Farbstiften aus der Viehzucht, deren Inhaltsstoffe unbedenklich für die Gesundheit von Mensch und Tier sind. Die Farben lösen sich mit der Zeit aus dem Gefieder bzw. verschwinden spätestens mit der nächsten Mauser. Eine Verhaltensänderung nach der Markierung war bisher weder bei den Logger-Vögeln selbst noch bei ihren Partnern oder anderen Vögeln aus der Kolonie nachweisbar. Ein kleiner Farbklecks macht hier offenbar weder begehrenswerter noch unattraktiver.

Große Erfolge beim Einsatz der Logger-Technologie erzielte in den 1980er- und 1990er-Jahren die deutsche Pinguinforschungsgruppe am damaligen Kieler Institut für Meereskunde, dem heutigen Helmholtz Zentrum für Ozeanforschung GEOMAR, um Professor Dr. Dieter Adelung und dessen damalige Mitarbeiter Dr. Rory Wilson und Dr. Boris Culik. Im Rahmen zahlreicher Reisen in die Antarktis und Subantarktis und später auch nach Südafrika, Chile und Argentinien wurden von den Mitarbeitenden und Studierenden zunächst vor allem Tauchtiefen-Logger an verschiedenen Pinguinarten eingesetzt. Außerdem wurde die Gerätetechnik schrittweise verbessert und weiterentwickelt. Der Fokus auf Pinguine ergab sich durch langjährige Programme zur Erforschung des Ökosystems Antarktis und insbesondere der Bedeutung des antarktischen Krills. Für den Einsatz von Datenloggern bieten Pinguine zusätzlich einen großen Vorteil: Sie können nicht fliegen und sind daher leicht zu fangen. Wie die meisten Seevögel sind sie außerdem sehr nistplatztreu und kommen regelmäßig zu ihrem angestammten Nestplatz zurück. Durch ihre stattlichen Körpermaße können sie größere Geräte problemlos tragen, ohne dadurch nennenswert beeinträchtigt zu sein. Mithilfe umfangreicher Versuche in Wind- und Strömungskanälen wurde außerdem eine optimale Stromlinienform für die jeweiligen Logger-Gehäuse entwickelt, sodass die Tiere bei ihrer Suche nach Nahrung im Meer so wenig wie

Prof. Rory Wilson, Swansea University, Großbritannien, einer der Pioniere der Datenlogger-Forschung.

möglich in ihrem natürlichen Verhalten beeinflusst werden. Als optimale Befestigungsmethode erwies sich schließlich die Anbringung der Geräte am Federkleid im Rückenbereich mithilfe eines wasserfesten Gewebe-Klebebandes der Firma Beiersdorf aus Hamburg, welches in verschiedenen Farben auf großen Rollen angeboten wird. Dass wir uns als Studierende mitten in dieser ungewöhnlichen Pionierphase befanden, wurde uns seinerzeit schlagartig klar, als wir vor einer Forschungsreise in einem Kieler Großhandel unser Equipment zusammenstellten. Neben den obligatorischen Lederhandschuhen und Schutzbrillen (Seevogelschnäbel sind messerscharf und können buchstäblich ins Auge gehen) türmten sich imposante Berge an Gewebeband in unserem Einkaufswagen. Ein kurzer Blick des Kassierers auf den ungewöhnlichen Warenmix und wir waren enttarnt: „Rechnung wieder wie üblich an die Kieler Meereskunde?"

Rory Wilson, heute Professor an der Universität von Swansea, Wales, wurde schließlich zum Vorreiter und Pionier bei der Entwicklung verschiedener Loggertypen, deren Größe und Gewicht kontinuierlich verringert werden konnten. In Zusammenarbeit mit Ingenieuren und Doktoranden entstanden diverse Geräte, die einen vollkommen neuen Einblick in die Lebensweise von Seevögeln ermöglichten.

1994 setzte der damalige Kieler Doktorand Gerrit Peters an Magellanpinguinen in Argentinien sowie an weiteren Pinguinarten in der Antarktis erstmals seine selbst entwickelten Peristaltik- und Magen-pH-Logger ein, um den Verdauungsmechanismus der Vögel zu erforschen. Die kleinen Geräte zeichnen Datum und Uhrzeit sowie den Säuregehalt,

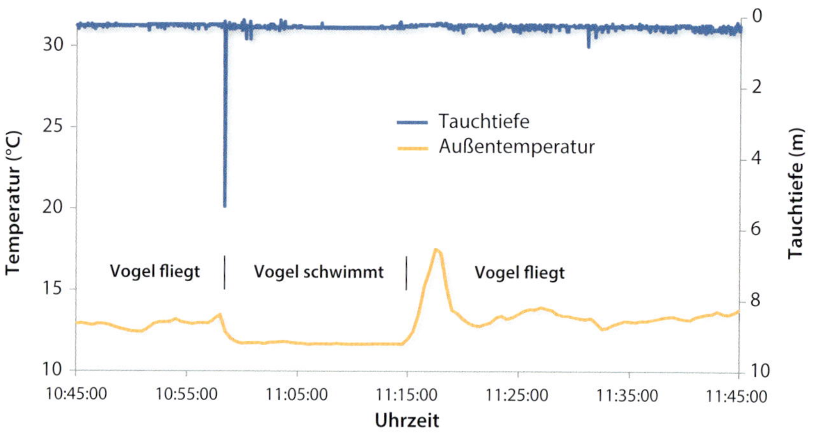

Abb. 1: Gleichzeitiger Einsatz von zwei Logger-Sensoren, die sowohl die Außentemperatur als auch die Tauchtiefen des Vogels aufzeichnen. Der externe Temperatursensor liefert die Daten, wann der Vogel schwimmt (stabile Außentemperatur) oder fliegt (schwankende Außentemperatur). Über den Drucksensor lässt sich analysieren, wann und wie tief der Vogel getaucht ist.

die Muskelbewegungen (Peristaltik) und die Temperatur im Magen des Vogels auf. Fiel letztere schlagartig ab, hatte der Pinguin als Warmblüter ein kaltes Beutetier verspeist. Nahm der Säuregehalt im Magen zu, bedeutete dies ebenso wie die verstärkten Bewegungen der Magenmuskulatur, dass der Verdauungsprozess begonnen hatte. Aus diesen Daten entschlüsselte der Forscher schließlich eine faszinierende Fähigkeit: Bricht der Vogel während der Brutzeit zur Nahrungssuche auf hohe See auf, verdaut er die gefangene Beute zunächst für den eigenen Bedarf. Nach der Sättigung jagt er weitere Beute, um diese nach der Rückkehr in die Kolonie in Form eines kaum angedauten Nahrungsbreis an den Nachwuchs zu verfüttern. Die Rückreise kann ein bis zwei Tage dauern, je nachdem, wie weit der Vogel schwimmen muss, um Nahrung zu finden. Der Verdauungsprozess im Magen wird dann kurzerhand gestoppt und das Organ zum Transportgefäß umfunktioniert. So bleibt die Mahlzeit für das Küken erhalten, ohne vom Elterntier während der Rückreise selbst verdaut zu werden.

Den großen Erkenntnisgewinn, der sich aus dem gleichzeitigen Einsatz unterschiedlicher Logger-Sensoren ergibt, zeigt die Abb. 1 aus der Kieler Arbeitsgruppe „Meereszoologie“. In einer Studie wurden Basstölpel zeitgleich mit einem Außentemperatur- sowie einem Drucklogger ausgerüstet, um die Aktivität des Vogels im Tagesverlauf analysieren zu können. Stärkere Schwankungen in der Außentemperatur bedeuteten, dass der Vogel in diesem Zeitraum geflogen ist. Blieb die Temperatur jedoch stabil, saß das Tier auf dem Wasser und schwamm oder ruhte sich aus, sodass der Temperatursensor, der am Bein des Vogels befestigt wurde, die stabile Temperaturschicht der Wasseroberfläche aufzeichnete. Steigt die Außentemperatur gegen Tagesende auffallend an, bedeutet das, dass der Vogel in die Kolonie zurückgekehrt ist und es sich auf seinem Nest gemütlich gemacht hat. Während er beim Brüten auf dem Logger sitzt, wird der Sensor durch die Körpertemperatur erwärmt (nicht in Abb. 1 dargestellt).

Mit einer Spannweite von bis zu 3,5 m ist der Wanderalbatros (*Diomedea exulans*) der Vogel mit der größten Flügelspannweite der Welt. Die Tiere können über 80 Jahre alt werden und brüten nur alle zwei Jahre. Sie sind elegante Segelflieger, aber auch bekannt für ihre spektakulären Bruchlandungen, die zum Glück meist glimpflich ausgehen.

Ausgehend von den umfangreichen Erfahrungen aus der Pinguinforschung wurden in der Kieler Arbeitsgruppe auch Loggertypen für andere Meerestiere entwickelt wie z. B. für Meeresschildkröten und Robben.

Bei vielen der ehemaligen Mitarbeitenden, die heute als Wissenschaftler in anderen Forschungseinrichtungen tätig sind, kommen Logger nach wie vor zum Einsatz. Die Technologie schuf sogar ganz neue Arbeitsfelder: Einige Absolventen spezialisierten sich im Rahmen von Start-ups auf die Herstellung und Weiterentwicklung neuer Logger-Geräte und Sensoren.

Die große Bedeutung der Ortsbestimmung

Von zentraler Bedeutung für viele wissenschaftliche Fragestellungen ist die Positionsbestimmung des Vogels, also des genauen Ortes, an dem er sich zu welchem Zeitpunkt befindet. Dies gehörte lange zu den großen technischen Herausforderungen. Der erste Durchbruch gelang schließlich im Jahr 1989 mit der erfolgreichen Anwendung von Satellitensendern auf Wanderalbatrossen. Diese Geräte können bestimmte Satelliten, die die Erde auf speziellen Umlaufbahnen umkreisen, zur Positionsbestimmung nutzen. Die Sender waren jedoch sehr teuer, groß und schwer und lieferten pro Tag nur wenige Positionsdaten. Über viele Jahre wurden sie daher nur an sehr großen Vögeln wie z. B. Albatrossen und Greifvögeln eingesetzt.

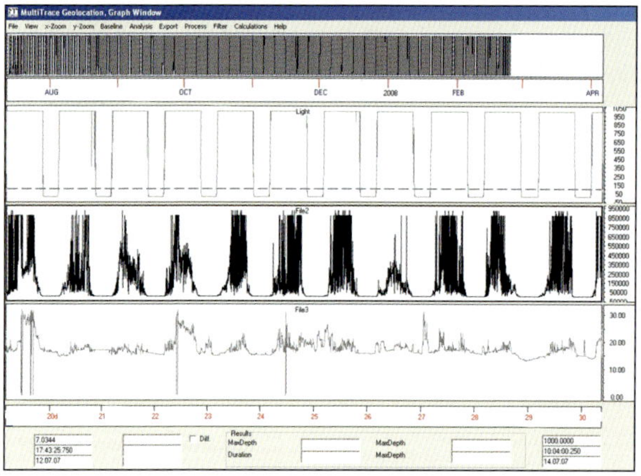

Mit einer speziellen Software (Multitrace, Jensen Software Systems) können die Daten der Lichtlogger am Computer ausgewertet werden.

Der zweite Durchbruch war die Erfindung sogenannter Lichtlogger durch Rory Wilson und Roger Hill etwa Mitte der 1990er-Jahre. Die Sensoren zeichnen in bestimmten Abständen, z. B. jede Minute, neben Uhrzeit und Datum auch die Lichtmenge in der unmittelbaren Umgebung auf. Mithilfe einer speziellen Software kann man am Computer aus den daraus berechneten Sonnenauf- und -untergangszeiten die Position des Gerätes auf der Erdkugel am jeweiligen Tag bestimmen. Das genaue Prinzip ist in der Infobox 2 erklärt. Die Genauigkeit liegt hier im Gegensatz zu GPS-Loggern nur bei 100 bis 200 Kilometern und ist abhängig von den Wetterbedingungen, vor allem aber vom zeitlichen Abstand zu den Phasen der

Tag- und Nachtgleiche im März und September sowie der jeweiligen geografischen Breite (Nord-Süd-Ausrichtung auf der Erdkugel). Allerdings war die Entwicklung von hinreichend miniaturisierten GPS-Loggern beim Start der Lichtlogger-Ära noch in weiter Ferne, sodass den Forschenden keine Alternative zur Verfügung stand. Die Lichtlogger haben aber zwei große Vorteile: Sie verbrauchen sehr wenig Energie und sind so klein und so leicht, dass sie problemlos an einem Vogelbein angebracht werden können. Somit lassen sich im gesamten Jahresverlauf Daten speichern, ohne dass die Geräte durch die Mauser

Wie funktioniert ein Lichtlogger?

INFOBOX 2

In einem Logger-Gehäuse befinden sich neben der Batterie und dem Datenspeicher ein Lichtsensor und eine Uhr. Aufgezeichnet werden pro Tag die Zeitpunkte von Sonnenauf- und -untergang sowie die Tageslänge. Da an jedem Punkt der Erde die Sonne an einem bestimmten Tag zu einer bestimmten Uhrzeit auf- und untergeht, lässt sich daraus der Längengrad berechnen. Den Breitengrad erhält man über die jeweilige Tageslänge. Im Sommer sind die Tage z. B. bei uns in Mitteleuropa wesentlich länger als im Winter, während es rund um den Nord- und Südpol Gegenden gibt, in denen die Sonne über Monate gar nicht auf- oder untergeht. Mithilfe einer eigens entwickelten Software können die Logger-Daten am Computer ausgewertet, die Position des Tieres an jedem einzelnen Tag bestimmt und seine Zugroute und Aufenthaltsdauer in bestimmten Gebieten analysiert werden.

Lichtlogger leisten durch ihre Abhängigkeit von den Wetterbedingungen nicht die gleiche Präzision wie GPS-Logger. Schlechtes Wetter mit viel Nebel und dunklen Wolken erschwert oft die genaue Aufzeichnung und es können bei der Positionsbestimmung Abweichungen um die 100 bis 200 Kilometer auftreten. Trotz dieser Ungenauigkeiten ist es mit dieser Methode erstmals gelungen, die Verbreitung von Vögeln im Jahresverlauf sowie deren Zugwege zu erfassen und damit bahnbrechende und völlig neuartige Erkenntnisse zu gewinnen.

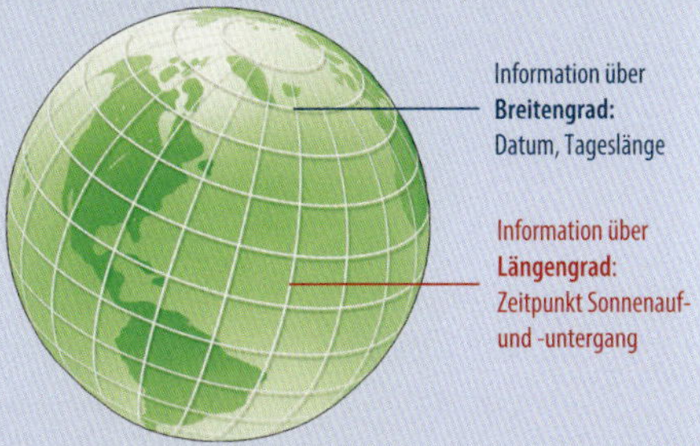

Wo der Stand der Technik die Möglichkeiten begrenzt, sind Kompromisse notwendig, die eine entsprechend vorsichtige Interpretation der wissenschaftlichen Ergebnisse erfordern.

abfallen und verloren gehen. Trotz ihrer vergleichsweise geringeren Positionsgenauigkeit haben gerade diese Geräte wiederum zunächst die Seevogelforschung und später die Vogelzugforschung revolutioniert. Inzwischen wiegen die kleinsten Lichtlogger nur noch ein halbes Gramm und können damit selbst an kleinen Singvögeln angebracht werden, um deren Wanderungen im Jahresverlauf zu verfolgen. Die Geräte müssen jedoch weiterhin zurückgewonnen werden, um die Daten auslesen zu können.

Eine weitere Methode zur Ortsbestimmung wurde ebenfalls durch die Kieler Pinguinforschung entwickelt, der „Pinguin-Fahrtenschreiber". Er basiert auf dem Prinzip der Koppelnavigation. Dabei werden die Schwimmrichtungen mit einem integrierten Kompass und die Schwimmgeschwindigkeit mit einem separaten Sensor ermittelt. Durch die eingebaute Uhr lässt sich die Dauer der verschiedenen Bewegungen entschlüsseln, sodass die Strecken, die die Vögel zum Beutefang zurücklegen, rekonstruiert werden können. Durch die Integration von Drucksensoren (Tauchtiefe) und/oder Neigungssensoren kann die genaue Bewegung im Raum dreidimensional erfasst werden.

Die Erfindung von GPS-Loggern

Der dritte Meilenstein zur Positionsbestimmung eines Wildtieres war aus unserer Sicht die Entwicklung von GPS-Datenloggern. Das Globale Positionsbestimmungssystem (GPS = Global Positioning System) ist ein weltweites Satellitensystem, das in den 1970er- und 1980er-Jahren vom US-Verteidigungsministerium entwickelt wurde und seit Mitte der 1990er-Jahre im Regelbetrieb ist. Die GPS-Navigation basiert auf Satelliten, die mit codierten Radiosignalen ständig ihre aktuelle Position und die genaue Uhrzeit aussenden. Aus den Signallaufzeiten können spezielle Empfänger, also auch solche in Datenloggern, ihre eigene Position und Geschwindigkeit berechnen. Erst mit der Erhöhung der Genauigkeit des GPS-Systems für zivile Anwendungen durch die Abschaltung der künstlichen Signalverschlechterung im Jahr 2000 wurde das System auch für die Wildtierforschung zunehmend interessant. Seitdem ist die Entwicklung rasant vorangeschritten. Allerdings ist die Positionsbestimmung mittels GPS ein energieintensiver Prozess, sodass eine ausreichend große Batterie im Logger vorhanden sein muss. Das begrenzt die Maße und die Verkleinerung von Loggern. Zudem lässt sich die Empfängerantenne nicht beliebig verkleinern, da sonst die Empfangseigenschaften beeinträchtigt werden. Die kleinsten GPS-Datenlogger wiegen derzeit etwa ein Gramm und ermöglichen immerhin über 100 Positionsbestimmungen pro Batterieeinsatz (Gerät ohne Solarzellen).

Der neueste Stand der Technik

Die Technik bei den GPS-Datenloggern hat sich in den vergangenen Jahren stark verändert. Bis weit in die 2000er-Jahre mussten die

Um Heringsmöwen auf der Insel Spiekeroog mit Loggern auszurüsten, werden Kastenfallen über den Bodennestern platziert. Der Drang zu brüten ist so stark, dass sich der Vogel von dem seltsamen Konstrukt nicht abhalten lässt und bald zurückkehrt. Dabei löst er einen Klappmechanismus aus, der die Öffnung der Falle verschließt. Der Vogel kann dann behutsam aus der Falle entnommen werden.

Die Rückkehr kann einige Minuten dauern. Bis dahin heißt es warten ... (es ist ein „Höllenjob").

Gerät zur Fernauslese von GPS-Datenloggern der Firma e-obs. Es hat eine Reichweite von mehreren hundert Metern.

meisten Geräte durch einen zweiten Fang des Tieres zurückgewonnen werden, um die gesammelten Daten am Computer auslesen zu können. Das Risiko des Datenverlustes war entsprechend hoch. Inzwischen ist eine Fernübertragung der Daten möglich geworden. Man erhält die zwischengespeicherten Logger-Daten über Satelliten- bzw. Mobilfunk bequem auf den Computer oder per Funk auf handtragbare oder fest installierte Auslesestationen. Nun können im gesamten Jahresverlauf durchgehend Daten gesammelt und ausgewertet werden und nicht erst nach dem Wiederfang. Die meisten der heutigen GPS-Logger sind mit Solarzellen ausgestattet, wodurch eine Wiederaufladung der Batterie während des Einsatzes und somit ein langfristiger Betrieb der Logger ermöglicht wird. Sie sind so flexibel programmiert, dass sie sich in bestimmten Abständen, z. B. einmal am Tag, in ein Mobilfunknetz einwählen. Diese Abstände kann der Nutzer selbst festlegen. Innerhalb weniger Sekunden werden dann alle bislang gespeicherten Daten verschickt. So weiß der Anwender durchgehend, wo sich die besenderten Tiere befinden. Spannende Phänomene wie der Vogelzug lassen sich am Computer nun tagtäglich verfolgen. Die Geräte an den Tieren lösen sich irgendwann von selbst ab und ein Wiederfang ist nicht mehr nötig.

Detaillierte Studien zum Verhalten der Tiere sind ebenfalls immer besser möglich. Viele Logger enthalten Sensoren, sog. Accelerometer (Beschleunigungssensoren), die eine dreidimensionale Richtungsänderung des Vogelkörpers aufzeichnen, d. h. ob er sich nach links oder rechts, nach oben oder unten sowie nach vorne oder hinten bewegt. Je stärker sich der Vogel bewegt, desto ausgeprägter sind die Signale. Mittels komplexer statistischer Analysen ist es möglich, das Verhalten des Tieres zu bestimmen, z. B. ob es fliegt, schwimmt, läuft oder ruht. Dazu sind aber auch direkte Beobachtungen der besenderten Tiere wichtig, z. B. in der Brutkolonie oder in Tierparks, um die Daten kalibrieren und einordnen zu können.

Forschungsthemen mit Datenloggern heute

In den 1960er- und 1970er-Jahren waren die technischen Möglichkeiten noch sehr begrenzt. Zunächst konzentrierte man sich viele Jahre auf die Messung von Tauchtiefen bei Meerestieren, über die man seinerzeit noch wenig wusste. Heute sind die Fragestellungen, die sich durch den technischen Fortschritt bearbeiten lassen, äußerst vielfältig geworden. Der Einsatz der Geräte findet breite Anwendung in Themenfeldern wie Physiologie, Verhaltensforschung oder Ökologie. Dazu gehören entsprechende Aspekte zu Tauch- und Schwimmverhalten, Flugmustern, Ernährungsstrategien, Energiebedarf, Wanderungen, Verbreitung oder zu Aktivitätsmustern während und außerhalb der Brutzeit. Aber nicht nur in der reinen Forschung, sondern auch im Naturschutz leisten Logger große Dienste. Fast alle Lebensräume befinden sich durch den Einfluss des Menschen und seine vielfältigen Aktivitäten und Nutzungen sowie durch klimatische Änderungen im steten Wandel. Somit ist der Informationsgewinn durch besenderte Vögel besonders wichtig für die Entwicklung von Schutz- und Managementstrategien.

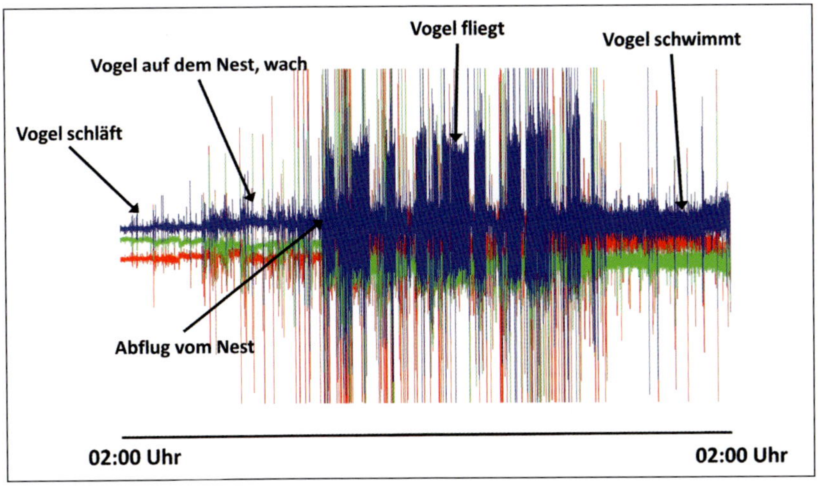

Das Verhalten von Vögeln kann mit Messungen durch Beschleunigungssensoren analysiert werden. Hier ist beispielhaft der Tagesverlauf eines auf Helgoland brütenden Basstölpels veranschaulicht. Verändert nach Garthe et al. (2017).

Mithilfe von GPS-Loggern kann eine Positionsbestimmung inzwischen bis auf wenige Meter genau durchgeführt werden. So lassen sich zum Beispiel die Nahrungsgründe von Vögeln räumlich sehr genau eingrenzen, um sie gegebenenfalls unter Schutz zu stellen.

Auch bestehende oder potenzielle Konflikte zwischen Vogel und Mensch, wie sie auf dem Meer und in den Küstenregionen in vielfältiger Weise existieren, wie z. B. durch die zunehmende Offshore-Windkraft, den Schiffsverkehr, die Fischerei, den Abbau von Sedimenten oder militärische Übungen, können besser eingeschätzt werden, was die Erarbeitung von konstruktiven Lösungen ermöglicht. Somit tragen GPS-Logger zu einer nachhaltigeren Nutzung der Natur bei.

Vögel können außerdem Daten für meteorologische, ozeanografische und klimatologische Fragestellungen liefern, indem beispielsweise Temperaturwerte der Luft, des Bodens oder der Meeresoberfläche mitsamt genauer Positionsbestimmung, Datum und Uhrzeit aufgezeichnet werden.

Wie sich die Einsatzmöglichkeiten und Fragestellungen in der naturwissenschaftlichen Forschung im Allgemeinen und in der Meeresbiologie im Besonderen durch die fortschreitende Entwicklung der Logger-Technologie in den letzten Jahrzehnten konkret verändert und erweitert haben, zeigen wir in Kapitel 5 anhand ausgewählter Beispiele.

4 Ethik und Moral im Umgang mit Tieren

Vor jedem Forschungsprojekt, in dem es um lebende Wildtiere geht, gilt es abzuklären und sicherzustellen, wie eine Handhabung möglichst schonend und artgerecht erfolgen kann, sodass den Tieren kein Schaden zugefügt wird und sie so wenig wie möglich beeinträchtigt werden. Die Logger-Technologie stellt eine sehr tierfreundliche und schonende Methode dar, die entwickelt wurde, um wichtige Informationen über Wildtiere zu erhalten, ohne sie dabei zu töten, zu verletzen oder zu beeinträchtigen. Nur so können aussagekräftige Daten über ihr natürliches Verhalten gewonnen werden, das nicht durch die Geräte beeinflusst werden soll. Innerhalb der Forschergemeinschaft wurden frühzeitig ethische Richtlinien für den Einsatz von Loggern erarbeitet. Gerade bei Vögeln muss auf ein besonders geringes Gewicht der Geräte geachtet werden, da zusätzliches Gepäck beim Fliegen, ähnlich wie in der Luftfahrt, mehr Treibstoff kostet. Zugvögel haben auf ihrer anstrengenden Reise zwischen Winterquartier und Brutgebiet nur wenig Spielraum für zusätzlichen Ballast. So wird nach umfangreichen Untersuchungen als Faustregel für Seevögel empfohlen, dass ein Gerät maximal fünf Prozent des Körpergewichts wiegen sollte, besser nur drei Prozent oder weniger. Bei der Wahl von Größe, Form und Anbringung der Geräte müssen Anatomie und Lebensweise der jeweiligen Art berücksichtigt werden, vor allem in Bezug auf den Strömungswiderstand beim Fliegen oder Tauchen. Außerdem sollten

Pinguine (im Bild ein Humboldtpinguin *Spheniscus humboldti*) sind hervorragend an die Unterwasserjagd angepasst. Bei der Besenderung von tauchenden Vögeln ist es sehr wichtig, darauf zu achten, dass mit der Anbringung von Geräten der Strömungswiderstand nicht beeinträchtigt wird.

möglichst schonende Befestigungsmethoden und -materialien verwendet werden. Die Einhaltung der Richtlinien wird auf verschiedenen Wegen kontrolliert, dazu gehört auch die Begutachtung wissenschaftlicher Ergebnisse, die in Fachzeitschriften veröffentlicht werden sollen. Dieses sogenannte Peer-Review-System bedeutet, dass neue Forschungsergebnisse vor der Veröffentlichung von Experten aus dem gleichen Fachgebiet überprüft werden müssen. Bei Bedenken, Einwänden, inhaltlichen Mängeln oder Fehlern wird der Autor oder die Autorengruppe entweder zur Nachbesserung aufgefordert oder der Artikel wird abgelehnt. Arbeiten, die nicht nach wissenschaftlichen Standards oder ethischen Richtlinien erstellt wurden, können auf diese Weise aussortiert werden.

Wissenschaftliche Ethik im Ländervergleich

Das Thema Forschung und Ethik wird von Land zu Land unterschiedlich betrachtet und gesetzlich geregelt. Deutschland hat ein sehr strenges Tierschutzgesetz und die Bevölkerung eine sensible Wahrnehmung, was den Umgang mit Tieren betrifft. Von Mahatma Gandhi stammt das berühmte Zitat: „Die Größe und den moralischen Fortschritt einer Nation kann man daran messen, wie sie ihre Tiere behandelt". In dieser Hinsicht schneidet Deutschland im Vergleich zu vielen anderen Ländern erfreulicherweise gut ab. Bevor ein Datenlogger an einem Wildtier angebracht werden darf, sind hohe rechtliche Hürden zu überwinden, da es sich im juristischen Sinne hierbei um einen Tierversuch handelt, der zunächst beantragt werden muss.

Der Mensch trägt für unseren Planeten und dessen Natur eine besondere Verantwortung. Je mehr wir darüber wissen, desto besser können wir sie schützen.

In einem Tierversuchsantrag muss das geplante Projekt nach formalen Vorgaben detailliert beschrieben und der zuständigen Behörde vorgelegt werden. Erst nach der Genehmigung des Antrags darf mit der Ausbringung der Logger begonnen werden. Zusätzlich gibt es die sogenannten Tierschutzbeauftragen. Ihre Aufgaben sind im Tierschutzgesetz und der sogenannten Tierschutz-Versuchstierverordnung geregelt und beinhalten z. B., auf die Einhaltung von Vorschriften und Auflagen zu achten, bei der Haltung von Versuchstieren und der Planung von Tierversuchen beratend tätig zu sein und laufende Tierversuche zu überwa-

Schlafender Basstölpel auf Bonaventure Island, Québec, Kanada, kurz nachdem er mit einem GPS-Logger ausgerüstet wurde.

chen. Um die Genehmigung zur Logger-Anbringung zu erhalten, muss außerdem die Ausbildung und Expertise aller durchführenden Personen theoretisch und tierartspezifisch praktisch nachgewiesen werden. Das ist beispielweise möglich durch eine Beringungsgenehmigung, die den sicheren Umgang mit Wildvögeln nachweist, durch bereits erfolgreich durchgeführte Projekte und frühere, genehmigte Tierversuchsanträge sowie über spezifische Kurse für Neueinsteiger. So soll sichergestellt werden, dass die Anbringung nur von qualifizierten Personen durchgeführt wird.

Kosten-Nutzen-Bilanz

Die Anbringung der meisten Datenlogger ist im Freiland innerhalb weniger Minuten abgeschlossen und der Vogel kann sofort wieder freigelassen werden. Zahlreiche Dokumentationen aus der Brutzeit belegen, dass die Vögel unmittelbar nach der Ausrüstung wieder zu ihren Nestern zurückkehren, sich normal verhalten und weiter brüten. Dem kleinen Schreckmoment eines Vogels durch den Fang und die schnelle Ausrüstung stehen bahnbrechende Forschungsergebnisse gegenüber, die nicht nur die Grundlagen für den weltweiten Schutz von Tierpopulationen, -kolonien, Nahrungsgründen und Lebensräumen liefern, sondern auch unser globales Verständnis der Lebensweise vieler Tierarten und Tiergemeinschaften stetig erweitern. Diese Kosten-Nutzen-Abwägung muss vor jedem Einsatz von Technik erfolgen und hat in diesem Fall einen so starken Nutzen vorzuweisen, dass die Anwendung dieser Methode aus ethischer Sicht eindeutig zu bejahen ist.

5 Abenteuer Forschung mit Datenloggern

Die ausgewählten Forschungsprojekte der nachfolgenden Kapitel wurden in verschiedenen Stadien der Logger-Entwicklung durchgeführt. Sie zeigen anschaulich, wie die Bearbeitung wissenschaftlicher Fragestellungen vom jeweiligen Stand der Technik abhängt und wie die Grenzen des Wissens durch den technischen Fortschritt stetig erweitert werden.

5.1 Tauchende Tölpel im warmen Winter – ein neuer Logger bringt Licht ins Dunkel von Schottland

Die EU klopft an, oder vielmehr ein Kollege aus Schottland, der diese als Geldgeber für ein neues Forschungsprojekt ins Auge gefasst hat. Für die Bearbeitung der komplexen Fragen sucht er aus dem wissenschaftlichen Netzwerk passende Kooperationspartner, die ihre unterschiedlichen Expertisen einbringen sollen. Die Trauben hängen hoch, denn Forschungsgelder aus den Töpfen der Europäischen Union sind sehr begehrt und die Konkurrenz ist riesig. Hinzu kommt, dass die Erstellung eines Projektantrags durch die umfangreichen Vorgaben und Formalien mehrere Monate in Anspruch nimmt. Die Chancen, das Auswahlkomitee nach langer Wartezeit schließlich von seinem Konzept überzeugt zu haben, sind nicht sehr hoch, das Risiko, viel Zeit für

Möchte ein Basstölpel auf das Meer hinaus fliegen, kündigt er dies durch den senkrecht nach oben gehaltenen Schnabel an, das sogenannte „Skypointing“. So wissen die Nachbarn, an deren Nestern er dicht vorbeilaufen muss, dass er keinen Streit anzetteln, sondern nur etwas Anlauf nehmen will, um starten zu können.

eine nüchterne Absage vergeudet zu haben, dagegen schon. Im Vorteil ist, wer Forschungsthemen vorweisen kann, die in der EU gerade weit oben auf der Agenda stehen, was hier der Fall ist. Und tatsächlich, der Antrag wird einige Monate später bewilligt. Die Freude ist groß!

Was soll erforscht werden?

Im Fokus der neuen Studie steht die Fischereipolitik der EU. Experten und Naturschutzverbände beklagen immer wieder, dass die Fischereiflotten mit ihren immer größeren und effizienteren Fangnetzen die Meere systematisch leerfischen und dabei nicht nur die Arten aus dem Meer holen, die für die Verbraucher bestimmt sind, sondern auch eine beträchtliche Menge an Beifang. Bei jedem Fischereihol (= Fischfangaktion) landet alles im Netz, was den Weg der Fischer kreuzt. Angelandet und verkauft werden dürfen aber nur bestimmte Arten sowie Fische ab bestimmten Größen, um die Bestände wenigstens einigermaßen zu schonen. Außerdem dürfen bestimmte Fangmengen pro Art nicht überschritten werden, Stichwort Fangquote. An Bord wird der Netzinhalt sofort sortiert und der Beifang (= Discard) wieder zurück ins Meer geworfen. Diese Idee der Bestandsschonung ist zwar grundsätzlich begrüßenswert, in der Praxis jedoch trotzdem eine enorme Verschwendung von Biomasse. Ein Fischereihol kann sich über mehrere Stunden hinziehen und führt dazu, dass viele Fische in den engen Netzen so stark verletzt werden, dass sie einen Rückwurf ins Meer nicht überleben.

Ein Hochseetrawler in der Nordsee. Dieses Fischereifahrzeug fischt mit einem Schleppnetz vor allem bodennah nach verschiedenen Fischarten.

Es war daher wenig strittig, dass die Mengen an Discard im Sinne einer nachhaltigen Fischerei reduziert werden mussten. Zusätzlich zu einer reduzierten Fischereiaktivität wurde überlegt, nur noch größere Netzmaschenweiten auf Fischkuttern zuzulassen, durch die klei-

Baumkurre zum Fang von Plattfischen (Seezunge, Scholle) auf der Nordsee.

nere Tiere besser entkommen können und gar nicht erst an Bord landen. Allerdings zeigt sich hier, dass es in komplexen Ökosystemen auch für gute Ideen oftmals ein „Aber“ gibt und die Dinge selten einfach sind: Studien hatten nämlich gezeigt, dass sich mittlerweile viele Seevögel auf den Beifang spezialisiert hatten, der für sie eine leicht erreichbare Futterquelle darstellt. Tatsächlich findet man erst seit der Mitte des 20. Jahrhunderts auf hoher See Massen an gefiederten Schiffsfolgern, die sich bei jedem Hol wie im Schlaraffenland die nasse Beute förmlich in den Schnabel werfen lassen. Bequemer kommt man kaum an eine leckere Fischmahlzeit und hat als Vogel den Rest des Tages frei.

Da Vögel regelmäßig von professionellen und ehrenamtlichen Vogelkundlern in ihren Kolonien gezählt werden, sind die Bestandsentwicklungen über lange Zeiträume gut dokumentiert. Es fiel auf, dass sich einige Arten ungewöhnlich stark vermehrt hatten. Der Verdacht drängte sich auf, dass die unnatürliche Nahrungsquelle daran nicht ganz unschuldig sein könnte, was sich schließlich durch mehrere Studien zur Ernährungsökologie von Seevögeln bestätigte. In den Brutkolonien fanden sich viele Reste von Beutefischen, die so tief im Meer oder auf dem Meeresboden leben, dass sie unmöglich auf natürliche Weise von den Vögeln erbeutet worden sein konnten, weil sie so tief gar nicht tauchen können. Diese Beutefische gehörten also unzweifelhaft zur Kategorie Beifang.

Hunderte von Basstölpeln und Eissturmvögeln haben sich in der Nordsee hinter dem Forschungsschiff „Walther Herwig III“ versammelt und versuchen, aus dem vollen Schleppnetz ein paar Fischereiabfälle zu ergattern.

Korallenmöwen (*Ichthyaetus audouinii*) brüten nur im Mittelmeerraum und ernähren sich hauptsächlich von Fisch.

Was ist ein Seevogel?

INFOBOX 3

Es gibt um die 10 000 Vogelarten auf der Welt. Ungefähr 350 Arten gehören zu den Seevögeln. Zu ihren Merkmalen gehört, dass sie ihre Nahrung zumindest teilweise aus dem Meer beziehen, indem sie Distanzen über der Wasseroberfläche zurücklegen. Sie durchschreiten auf der Suche nach Nahrung also nicht nur wie die Watvögel, auch Limikolen genannt, das Wasser oder Watt. Seevögel sind tendenziell größer als Landvögel und ihr Gefieder ist weniger farbig. Es dominieren Farben wie Schwarz, Weiß, Braun und Grau. Außerdem kann man Männchen und Weibchen kaum voneinander unterscheiden (geringer Geschlechtsdimorphismus). Viele Seevögel brüten nur einmal im Jahr in Kolonien, die aus mehr als 100 000 Brutpaaren bestehen können. Sie können sehr alt werden. Der älteste Albatros und damit auch der älteste wildlebende Vogel der Welt ist eine Laysan-Albatrosdame namens Wisdom. 1956 wurde sie als brütender Altvogel beringt und zog 2021 auf dem Midway-Atoll im nördlichen Pazifik erneut ein Küken auf. Die Inselgruppe gehört zu den größten Brutkolonien der fedrigen Riesen. Albatrosse verbringen den Großteil ihres Lebens in der Luft. Laut Schätzungen hat Wisdom in den vergangenen Jahrzehnten mehr als fünf Millionen Kilometer zurückgelegt und ist damit rein rechnerisch gut 125 Mal um den gesamten Globus geflogen.

Eine Skua (*Stercorarius skua*) jagt einem Eissturmvogel einen großen Fisch ab.

Wie stark die Abhängigkeit einiger Seevogelpopulationen von Fischereiabfällen tatsächlich geworden war, zeigte sich besonders deutlich in einer Kolonie von Korallenmöwen im spanischen Mittelmeerraum. Um die angeschlagenen Fischbestände wieder ins Gleichgewicht zu bringen, hatten sich die dortigen Fischer über mehrere Jahre jeweils im Frühjahr und Sommer zu einem freiwilligen Moratorium, also einem vollständigen Fischereistopp von einigen Wochen, verpflichtet. Fiel dies in die Phase der Eiablage, kam es zu Verzögerungen im Brutbeginn, zu kleineren Gelegen und damit zu einem geringeren Bruterfolg als in normalen Jahren. Begannen die Fischer mit ihrem Moratorium erst während der Kükenaufzucht, verhungerten viele Küken, da die natürliche Nahrung offensichtlich nicht für alle ausreichte. Vögel müssen während der Brutzeit immer wieder zur Kolonie zurückkehren, um sich um ihren Nachwuchs zu kümmern. Da sie aber nur eine bestimmte Flugstrecke bewältigen können, ist der Radius für die Futtersuche begrenzt. Offensichtlich hatten sich die Möwen auf die regelmäßigen Fischereiabfälle verlassen und konnten ohne die zusätzliche Nahrungsquelle in der Region nicht genügend natürliche Nahrung finden. Selten gab es in einer Seevogelstudie einen so klaren Beleg für den Einfluss der Fischerei auf Vogelbestände. Die Studie aus Spanien war also Warnung genug, vor einer starken Reduzierung von Fischereiabfällen in Schottland zunächst genügend Informationen über die Abhängigkeiten der dortigen Seevögel zu sammeln, um nicht das gleiche Kükensterben auszulösen. Hinzu kam, dass auch die Alttiere in Bedrängnis kämen, wenn sie plötzlich für sich selbst nicht mehr genügend Nahrung fänden, aber auch ins Visier anderer hungriger Räuber geraten könnten. In Schottland stellt besonders die Große Raubmöwe, auch Skua genannt, eine Gefahr dar. Sie ist bekannt für ihr Verhalten, das man Kleptoparasitismus nennt, was bedeutet, dass sie anderen Vögeln gern die Beute abjagt. Sie liebt Fische, Eier oder Aas und ist auch kräftig genug, um sowohl junge als auch ausgewachsene Vögel zu schlagen, was sie bei Nahrungsengpässen entspre-

Ein Basstölpel landet nach erfolgreicher Nahrungssuche wieder in der Kolonie.

chend intensiviert. Für Kolonien kleinerer Arten wie Papageitaucher oder Dreizehenmöwen können solche Attacken zum ernsten Problem werden.

Ein möglicher Lösungsansatz war daher, den Beifang schrittweise zu reduzieren, damit den Vögeln Zeit bliebe, sich darauf einzustellen und sich wieder auf natürliche Nahrungsquellen zu konzentrieren. Ist das Nahrungsangebot in der Umgebung einer Kolonie schlecht, beginnen viele Vögel nämlich erst gar nicht mit dem Brutgeschäft, sodass auch keine Küken verhungern können. So stellte sich zu Recht die Frage, ob die üppigen Bestandszahlen einiger Seevogelarten im Nordseeraum durch das zusätzliche, menschengemachte Nahrungsangebot nicht längst künstlich erhöht sein könnten. Die Größe einer Seevogelkolonie hängt nicht nur von der Menge an verfügbaren Brutplätzen ab, sondern vor allem vom Nahrungsangebot in erreichbarer Nähe. Wachsende Bestandszahlen sind also ein Hinweis darauf, dass die Brutbedingungen sehr gut sind und auch noch Raum für weitere Vögel bieten. Stabile Bestandszahlen deuten darauf hin, dass die Kapazitätsgrenze einer Kolonie vermutlich erreicht ist, wohingegen sinkende Zahlen auf Veränderungen hinweisen, die offenbar Nachteile für die Brutvögel mit sich bringen. Die Ursachen können vielfältig sein, z. B. Krankheiten, Parasiten, Prädatoren (Räuber) wie Füchse und Marder oder eben Nahrungsmangel. Deshalb sind regelmäßige Bestandserfassungen so wichtig und Vögel so gute Bioindikatoren.

Ein weiterer Aspekt war für die Studie ebenfalls wichtig:
Wie abhängig sind die Vögel im gesamten Jahresverlauf von Fischereiabfällen, also nicht nur im Frühjahr und Sommer?

Die Brutzeit ist eine sehr kräftezehrende Zeit für die Tiere. Besonders für die eierlegenden Weibchen ist ein guter körperlicher Zustand mit genügend Fettreserven die Voraussetzung, um möglichst kräftige, überlebensfähige Küken zu produzieren. Angelegt werden die Fettreserven jedoch vor der Brutsaison. Ein gutes Nahrungsangebot im

STECKBRIEF Basstölpel *Morus bassanus* (früher *Sula bassana*) **INFOBOX 4**

Englischer Name: Northern Gannet

Französischer Name: Fou de Bassan

Systematik:
- Ordnung: Kormoranvögel (Suliformes)
- Familie: Tölpel (Sulidae)

Größe: 87 bis 100 cm

Flügelspannweite: 165 bis 180 cm

Gewicht: 2300 bis 3600 g

Mittlere Lebenserwartung: 16 Jahre

Nahrung: großteils Fisch (v. a. Makrele, Hering, Lodde), gelegentlich Tintenfische

Verbreitung: Nordatlantik

Status in Deutschland:
- Brutvogel auf Helgoland
- Ganzjährig und zunehmend häufig in der Nordsee
- Selten in der Ostsee
- Ausnahmsweise im Binnenland

Lebensraum: Offenes Meer, Küstengewässer, felsige Inseln

Brutplatz: Kolonien mit bis zu 100 000 Paaren; baut Nestkuhlen aus pflanzlichem Nistmaterial wie Algen und Gräser bevorzugt an Felswänden, Klippen, aber auch auf flachem Boden

Geschlechtsreife: mit 5 bis 6 Jahren

Bruten pro Jahr: 1

Gelegegröße: 1 Ei

Eigewicht: 70 bis 118 g

Ein 8 g leichter Lichtlogger der Firma Earth & Ocean Technologies, konzipiert für die Befestigung an einem Vogelbein.

Überwinterungsgebiet ist daher ein wichtiger Faktor für den Bruterfolg im folgenden Sommer.

Das Ziel der Studie

Um Hinweise auf eine mögliche Abhängigkeit der Seevögel von Fischereiabfällen zu erhalten, ist es unmöglich alle Arten zu untersuchen, die hierfür in Frage kämen. So fiel die Auswahl auf den Basstölpel, der in Europa in großen Kolonien brütet und sich im Winter sehr weitläufig über das Meer verteilt. Verschiedene Studien zur Ernährungsökologie von Basstölpeln hatten deutlich gezeigt, dass Beifang von dieser Art intensiv genutzt wird. Auch hinter Fischereiflotten und Fischereiforschungsschiffen wurden die Tiere teils in sehr großer Anzahl beobachtet. Die Vögel sind sehr robust, ausdauernd sowie kräftig und zeigen gegenüber Menschen nur wenig Scheu, was die Forschungsarbeit unkompliziert macht.

Die zentralen Forschungsfragen lauteten somit:

- Wo überwintern die Basstölpel der schottischen Brutkolonie Bass Rock?
- Wie abhängig sind sie von Fischereiabfällen?
- Welche Empfehlungen lassen sich für die Reduzierung von Beifang entwickeln?

Bislang gab es zur Lebensweise und Ernährung von Basstölpeln fast ausschließlich Studien aus der Brutzeit im Frühjahr und Sommer, da man die Vögel in ihren Kolonien gut erforschen kann. Die restliche Zeit des Jahres verbringen sie auf dem Meer und sind für Menschen unerreichbar, sodass ihre genauen Zugwege und Überwinterungsgebiete weitgehend unbekannt waren. Durch vereinzelte Ringwiederfunde von toten Basstölpeln, die man an der Küste Nordwest-Afrikas gefunden hatte, wusste man zumindest, dass die Vögel bis dorthin ziehen. Bei solchen Wiederfunden bleibt jedoch unklar, wo genau die Tiere gestorben sind, denn die Kadaver könnten über längere Distanzen durch die Meeresströmungen angespült worden sein. Die Ringe sagen auch nichts Genaues über die Zugstrecken, den Verlauf der Wanderungen und die Aufenthaltsdauer in den Überwinterungsgebieten aus: Bleiben sie den ganzen Winter an einem Ort oder wechseln sie das Gebiet? Ziehen alle Individuen aus einer Kolonie gemeinsam und ins gleiche Gebiet oder gehen sie sich aus dem Weg? Folgen sie den Fischereiflotten und nutzen den Beifang und wenn ja, in welcher Intensität? Fragen über Fragen. Es war daher wichtig, das Verhalten einzelner Individuen über mehrere Monate zu studieren, um die Fragen beantworten zu können.

Die ersten Logger-Geräte, die mit einem GPS-Sensor ausgestattet wurden und bis auf 50 Meter genau die Position von Tieren erfassen konnten, waren noch nicht auf dem Markt. Was also tun? Ein brandneuer Loggertyp machte große Hoffnung, endlich Licht ins Dunkel zu bringen, und das im wahrsten Sinne des Wortes.

Brütende Basstölpel auf Bass Rock.

Erleuchtung durch neue Lichtlogger

Der Kalender zeigt das Jahr 2001 und die Projektvorbereitungen laufen auf Hochtouren. Professor Rory Wilson, den wir in Kapitel 1 bereits vorgestellt haben, hatte die geniale Idee, einen kleinen und besonders leichten Miniatur-Logger zu entwickeln, der mit einem hochempfindlichen Lichtsensor ausgestattet wird. Er verbraucht nur wenig Energie, wird an einer biegsamen Metallplatte befestigt und kann so, wie bei einer normalen Beringung, am Bein eines Vogels angebracht werden. Damit ist eine tägliche Positionsbestimmung der Tiere im gesamten Jahresverlauf möglich. Um an die aufgezeichneten Daten zu gelangen, müssen die Logger allerdings irgendwann wieder zurückgewonnen werden. Der Plan ist, die ersten 15 Logger im Juli, also gegen Ende einer Brutsaison, auszubringen, um über die Wintermonate intensiv Daten zu sammeln. Zu Beginn der darauffolgenden Brutsaison sollen die Geräte wieder eingesammelt werden.

Die Frage, die uns allerdings am meisten umtreibt, lautet: Wie findet man auf einer Insel mit steil abfallenden Felsklippen unter 100 000 Basstölpeln, die sich gleichen wie ein Ei dem anderen, unsere 15 Logger-Vögel wieder?

Auf nach Schottland

In den nächsten drei Jahren werden wir in unterschiedlichen Teams aus deutschen und britischen Forschenden und Studierenden zweimal im Jahr auf einer unbewohnten Insel in Schottland arbeiten, um Logger auszubringen und wieder einzusammeln. Die erste Reise naht, die Logger sind startklar und die Koffer gepackt. Über Amsterdam geht es nach Edinburgh. Der Sicherheitsdienst am Flughafen möchte sich gern ein besonders gründliches Bild davon machen, was es mit den kleinen

Der Hafen von North Berwick, Schottland.

elektronischen Geräten im Gepäck auf sich hat, die zugegebenermaßen etwas verdächtig wirken. Alle Dokumente und Genehmigungen werden akribisch geprüft, und die Erklärungen zum Einsatzbereich der vermeintlichen Minibomben verbucht das Personal weitgehend als kauzige Wissenschaftler-Caprice. Teils führen sie aber auch zu interessierten Nachfragen und anregenden Gesprächen über den Zustand unseres Planeten im Allgemeinen, der Meere im Besonderen und der Vogelwelt im Speziellen. Wie gut, dass wir für den Security-Check viel Zeit eingeplant haben. Edinburgh begrüßt uns mit seinem typisch schottischen Nieselwetter. Angeblich haben die Schotten über 100 verschiedene Wörter für Regen und laut einer Studie der Universität Glasgow sogar über 400 Begriffe für Schnee, deutlich mehr als die Inuit, obwohl es in Schottland gar nicht so oft schneit. Mit dem Zug geht es weiter nach North Berwick, einem kleinen Ort mit knapp 6600 Einwohnern, der ungefähr 50 Kilometer entfernt an der Küste liegt. Wer je in Großbritannien auf die Eisenbahn angewiesen war, wird sich danach nie wieder über die Deutsche Bahn beschweren. Viele Züge sind so alt und marode, dass man froh sein kann, wenn zur angekündigten Uhrzeit überhaupt ein Zug eintrifft und man mit diesem Exemplar auch tatsächlich ans Ziel kommt. Zu wichtigen Terminen, wie z. B. fest gebuchten Rückflügen, sollte man vorsichtshalber zwei Züge im Voraus einplanen. Manche Waggontüren lassen sich nur von außen öffnen, sodass man von innen das Fenster herunterkurbeln muss, um den äußeren Türgriff zu betätigen. Der unangenehme Nebeneffekt bei schlechtem Wetter ist ein regengetränkter Ärmel, wenn der Bahnsteig kein Dach aufweist, was oft der Fall ist. Auch Infotafeln zu den Abfahrtzeiten und Bahngleisen der ein- und abfahrenden Züge sind nicht in allen Bahnhöfen selbstverständlich. Orientierungslose Touristen werden gern von höflichen Schaffnern mit der Antwort „Well, we take them as they come in" über die ausgeprägte britische Flexibilität aufgeklärt.

Der Leuchtturm von Bass Rock.

Das Wetter in North Berwick ist freundlich und die Einfahrt zum

Ortskern per Taxi legt einen wunderschönen Blick auf unser Reiseziel frei: Die Vulkaninsel Bass Rock. Sie beherbergt mit ihren fast 50 000 Paaren eine der größten Basstölpel-Kolonien der Welt und verlieh der Art ihren deutschen Namen. Im Frühjahr zieht es auch viele Jungvögel nach Bass Rock, die zwar noch nicht geschlechtsreif sind, aber sich das bunte Treiben, an dem sie demnächst beteiligt sein wollen, schon einmal aus der Nähe anschauen. So finden sich pro Brutsaison auf der Insel, die nur per Boot erreichbar ist, weit über 100 000 Basstölpel ein.

INFOBOX 5

BASS ROCK

Bass Rock ist eine Vulkaninsel im Osten von Schottland. Sie liegt etwa 50 km von Edinburgh entfernt vor der Küste von North Berwick, einer Kleinstadt mit ungefähr 6600 Einwohnern. An der höchsten Stelle ist die Insel 107 m hoch und umfasst eine Fläche von ungefähr drei Hektar. Sie beherbergt jedes Jahr mit fast 150 000 Vögeln eine der größten Basstölpel-Kolonien der Welt. Von ihr hat der Vogel auch seinen deutschen Namen erhalten. Neben den Ruinen einer mittelalterlichen Kapelle aus dem 15. Jahrhundert finden sich dort auch Reste einer alten Burg, die über die Jahrhunderte immer wieder als Gefängnis und Kerker diente, in den viele Jahrzehnte lang religiöse und politische Gefangene geschickt wurden. 1902 wurde auf Bass Rock ein Leuchtturm errichtet, aber der Betrieb 1988 automatisiert. Seitdem ist die Insel unbewohnt. Nach einer wechselvollen Geschichte ist sie heute in Privatbesitz der Familie von Sir Hew Hamilton-Dalrymple.

Ein Touristenmagnet ist das Scottish Seabird Centre am Hafen von North Berwick. In den Ausstellungsräumen gibt es ausführliche Informationen über die Geschichte der Insel und die Vögel, die dort brüten. Dort kann man auch Bootsfahrten zur Insel buchen. Bass Rock darf nach einer längeren Pause im Rahmen einer Führung inzwischen wieder betreten werden.

Mehr Informationen gibt es unter: www.seabird.org

Die Überfahrt

Am nächsten Tag treffen wir im Hafen von North Berwick auf unsere schottischen Kollegen. Die Fahrt nach Bass Rock dauert ungefähr 20 Minuten. Eine alteingesessene Fischerfamilie bringt unsere Gruppe mit ihrem Boot aus Mahagoni-Holz zur Insel. Majestätisch ragt der Brutfelsen aus dem Meer und je näher wir kommen, desto genauer entpuppen sich die hellen Flächen der schroffen Felswände als unzählige, einzelne Basstölpel, die dicht an dicht über die Insel verteilt brüten. Sie begrüßen uns mit ihren schnarrenden Rufen, die zwischen den Klippen vielfach widerhallen. Elegant gleiten abertausende gänsegroße Vögel um uns herum über das Wasser, landen auf den Klippen, um sich von dort wieder und wieder in die Tiefe zu stürzen und erfolgreich Beute zu machen. Gern hätten wir diesen Anblick noch länger ausgekostet, aber die Bootscrew fordert unsere volle Aufmerksamkeit ein, um uns in die halsbrecherische Anlandung einzuweisen. Unser Boot nähert sich ganz langsam einer morschen Holztreppe, die knapp über der Wasseroberfläche aus dem Felsen ragt und ihre besten Zeiten schon lange hinter sich hat. Die Stufen sind krumm und schief, von Moos und Algen überwuchert und äußerst rutschig. Durch den hohen Wellengang schaukelt das Boot kräftig auf und ab. Uns bleibt nichts anderes übrig, als mit einem beherzten Sprung vom Boot aus auf einer der nassen Stufen zu landen. Trotz der großen Rucksäcke gilt es, möglichst nicht das Gleichgewicht zu verlieren und ein ungewolltes Bad zu nehmen oder gar zwischen Boot und Felsen zu geraten. Ab der zweiten Stufe winkt eine Chance, die

Mit diesem Mahagoni-Boot brachte eine ortsansässig Fischerfamilie die Touristen (und manchmal auch Forschende) viele Jahre nach Bass Rock.

Reste des völlig verrosteten Geländers zu erhaschen und sich mit etwas Glück dabei nicht die Hände blutig zu reißen. Einer nach dem anderen schafft den Sprung erfolgreich ohne ernste Zwischenfälle und der Adrenalinschub trägt uns in zügigem Tempo den steilen Pfad zum ersten Felsplateau hinauf. Als Vogelforscher spart man viel Geld für gewagte Freizeitaktivitäten, man bekommt den Nervenkitzel während der Arbeitszeit mehr oder weniger freiwillig frei Haus geliefert. Bass Rock ist im Privatbesitz der adeligen Familie Hamilton-Dalrymple und hat eine lange Geschichte vorzuweisen. Beim Aufstieg passieren wir die eindrucksvollen Ruinen aus den verschiedenen Epochen. Im Mittelalter befand sich hier eine Kapelle, deren verfallene Überreste wir als Erstes erreichen. Kurz danach treffen wir auf ein altes Gefängnis, das dem britischen Feldherrn Oliver Cromwell dazu diente, Feinde und politische Gegner aus dem Verkehr zu ziehen. Schließlich erreichen wir den markanten Leuchtturm, der 1902 errichtet wurde. Noch bis zum Jahr 1988 betrieb ihn ein Leuchtturmwärter vor Ort, bis man auf Automatik umstellte. Der Cousin des Erbauers verbrachte als Kind mit seiner Familie oft die Ferien in North Berwick. Obwohl er aus einer berühmten Familie von Leuchtturm-Ingenieuren stammte, entdeckte er früh seine Leidenschaft für die Literatur und wurde lieber Schriftsteller. Angeblich ließ er sich von Bass Rocks benachbarter, unbewohnter Insel Fidra zu seinem späteren Bestseller „Die Schatzinsel“ inspirieren. Berühmt wurde Robert Louis Stevenson aber vor allem mit seinem zeitlosen Klassiker „Der seltsame Fall des Dr. Jekyll und Mr. Hyde“.

Der Basstölpel-Bestand hat hier so stark zugenommen, dass die Vögel inzwischen auch die Wege und Treppen besiedeln. Sie sind sehr zutraulich. Hier hangeln wir uns im Zick-Zack-Kurs zum Bootsanleger durch.

Die Vogelkolonie

Bass Rock ist zur Brutzeit von Basstölpeln mittlerweile so dicht besiedelt, dass die oberen Bereiche nur noch mit einer Sondergenehmigung betreten werden dürfen. Die sommerlichen Touristenausflüge inklusive der Rundgänge über die Insel wurden für viele Jahre ganz eingestellt, um die Vögel nicht zu stören. Inzwischen sind Inselbesuche für Gäste wieder möglich, allerdings nur bis zum unteren Plateau.

Wir schlängeln uns vorsichtig über die schmalen Pfade hoch bis zur Inselspitze, wo es sich gut arbeiten lässt, ohne sich der Absturzgefahr durch steil abfallende Kliffkanten auszusetzen. Basstölpel sind sehr robuste, stereotype Vögel und nur wenig scheu. Stoisch sitzen sie auf ihren Nestern und interessieren sich kaum für die ungewöhnliche Zweibeiner-Karawane, die unweit an ihnen vorbeizieht. Aufmerksamkeit erregt nur, wer zu dicht an eines der Nester gerät. Der lange Schnabel eines Basstölpels ist scharf wie ein Rasiermesser und man kommt ihm besser nicht zu nah. Die einzelnen Nester sind so angeordnet, dass sie genau eine Schnabellänge entfernt zu den Nachbarn ringsherum errichtet werden, aber wehe, die imaginären Grenzen werden überschritten, dann kennen die Tiere kein Halten mehr. Ständig

Der Erstautor vor der Burgruine von Bass Rock. Im 17. Jahrhundert diente die Burg viele Jahrzehnte lang als Gefängnis, in dem Gefangene aus religiösen und politischen Gründen inhaftiert waren. Dazu gehörte auch John Blackadder, ein bedeutender presbyterianischer Prediger in Schottland, der auf Bass Rock verstarb.

gibt es irgendwo Zankereien und Kämpfe und schnell wird klar, dass die Vögel sicher nicht zusammen in einer Kolonie brüten, weil sie sich alle so sympathisch finden. Es muss handfeste Vorteile haben, die die Nachteile nerviger Nachbarn und stressiger Auseinandersetzungen deutlich überwiegen. Dazu gehört z. B. der Informationsaustausch, wo man in der Nähe der Kolonie am besten Nahrung findet. Startet der Nachbar morgens in eine bestimmte Richtung und kommt mit prall gefülltem Bauch zurück, lohnt es sich, dessen Flugroute genauer zu inspizieren. Aber auch bei der Abwehr von Feinden und Eierräubern wie Marder, Fuchs, Raben- und Greifvögeln ist man in einer Gruppe stärker als allein. Der unschlagbare Vorteil einer Kolonie ist zudem die große Auswahl an potenziellen Brutpartnern. Trotzdem verläuft das dichte Zusammenleben auf so engem Raum alles andere als reibungslos. In einigen Schnabel-Gefechten fließt sogar Blut. Man kann sehen, dass sich die Tiere gerade zu Beginn der Brutsaison besonders kampflustig zeigen und auch bereit sind, ernste Verletzungen auf beiden Seiten in Kauf zu nehmen, um sich die besten Nistplätze zu sichern.

In kurzer Zeit sind alle Logger ausgebracht. Für uns heißt es nun, sich in Geduld zu üben und auf das Frühjahr zu freuen. Hoffentlich kehren alle Logger-Vögel mit vielen Daten zurück nach Bass Rock. Dies werden übrigens weltweit die allerersten Daten sein, die die genauen Zugrouten und Winterwanderungen von Basstölpeln aufzeigen. Wenn es doch schon Frühjahr wäre ...

Die Suche nach der Nadel im Heuhaufen, also den wenigen Loggervögeln unter 100 000 Basstölpeln.

Die Stecknadeln im schottischen Heuhaufen

Endlich ist es soweit. Der Winter übergibt das Zepter an den Frühling und für unsere Gruppe heißt es erneut: Koffer packen und auf nach Bass Rock. Wir können es alle kaum abwarten, unsere Logger zurückzubekommen und endlich die ersten Daten auszuwerten. Nach vertrautem Reiseverlauf inklusive einer erneuten abenteuerlichen Überfahrt mit tollkühnem Sprung von einem noch stärker schaukelnden Boot auf eine noch stärker verrottete Treppe, an der ein weiterer harter Winter seine Spuren hinterlassen hat, erreichen wir erneut das obere Insel-Plateau. Nun wird sich herausstellen, ob wir aus den über 100 000 Vögeln tatsächlich unsere 15 Logger-Vögel wiederfinden werden.

Ein Basstölpel trägt Nestmaterial ein. Klassischerweise besteht dieses aus Blasentang (*Fucus vesiculosus*), also Braunalgen.

Es heißt, dass die Nistplatzbindung der Tiere so stark sei, dass sie angeblich jedes Jahr immer auf denselben Platz zurückkehren, vorausgesetzt sie haben den Winter überlebt und es klappt auch mit den Nachbarn. Letzteres kann einen Umzug in die nähere oder weitere Umgebung nicht ausschließen, und wenn sich ein Logger-Vogel zum Brüten nur wenige Meter in Richtung Klippe bewegt hätte, wäre er für uns nicht mehr erreichbar.

Durch die Mauser war es nicht möglich, die Tiere über den Winter farbig zu markieren, um sie später schneller wiederzufinden. Mit den ungiftigen Farben aus der Viehzucht wäre das sonst eine hilfreiche Option gewesen. Leider sind die winzigen Logger an den Beinen der Tiere nicht zu erkennen, wenn sie auf ihren Nestern sitzen. Gut zu sehen sind die Vogelbeine nur, wenn die Tiere ab und zu aufstehen, um sich zu putzen, zu streiten, ihr Nest auszubessern oder sich nach der vielen Hockerei auf ihren Nestern zu dehnen und zu strecken. So heißt es zunächst einmal warten, warten, warten.

Bei Basstölpeln herrscht Gleichberechtigung und so beteiligen sich beide Partner am gesamten Brutgeschäft. Somit stehen unsere Chancen, an einem bestimmten Nest unseren Logger-Vogel wiederzufinden, bei 50 Prozent. Es kann allerdings vorkommen, dass ein Vogel für mehrere Tage auf See bleibt, denn im Umkreis der Kolonie hat er es mit einer sechsstelligen Zahl an hungrigen Nahrungskonkurrenten zu tun, die die Fischvorräte reduzieren.

Wir haben Glück. Insgesamt 13 Logger können im Verlauf mehrerer Inselbesuche erfolgreich zurückgewonnen werden. Das Schicksal der letzten beiden Geräte bleibt bis zu unserer Abreise ungewiss. Möglicherweise sind die Vögel aus den bereits erwähnten Gründen umgezogen oder haben sich neu verpaart und einen neuen Nistplatz gefunden. Wir freuen uns sehr über die gute Rückfangquote und auf die spannende Daten-Auswertung am heimischen Computer.

Abb. 2: Winterwanderung von drei Basstölpeln der Brutkolonie Bass Rock, Schottland, und ihre unterschiedlichen Überwinterungsgebiete vor Westafrika, im Mittelmeerraum sowie vor Portugal. Mit einer speziellen Software ließen sich, mit einer Genauigkeit von 100 bis 200 km, die Positionen der Tiere bestimmen.

Die Ergebnisse

1. Wo überwintern die Basstölpel von Bass Rock?

Die Ergebnisse sind spannend: Die Vögel überwintern nicht großteils in West- und Südwest-Europa, wie zunächst anhand von Ringfunden vermutet wurde. Sie verteilen sich stattdessen auf insgesamt fünf Überwinterungsgebiete (Abb. 2). Einige Vögel sind gar nicht weggezogen, sondern haben in der Nordsee überwintert, hauptsächlich im Bereich des Ärmelkanals. Eine weitere Gruppe zog es bis nach Portugal, eine andere bis nach Frankreich. Zwei der 13 Logger-Vögel haben sich entschieden, im Mittelmeer zu überwintern. Fast die Hälfte der Basstölpel ist bis nach West- bzw. Nordwest-Afrika gezogen und hat dort den Großteil der Wintermonate verbracht. Bekannt war bereits, dass einzelne Jungvögel bis nach Afrika fliegen, aber für die Altvögel war dies bislang nicht erwiesen, da hierzu kaum Ringwiederfunde vorliegen.

2. Wie stark nutzen Basstölpel Beifang?

Dank Fischereistatistiken konnten die schottischen Kollegen die Verteilung der Fischereiflotten im gesamten nordöstlichen Atlantik nachvollziehen. Im Vergleich mit den Aufenthaltsorten der Basstölpel fällt auf, dass die meisten Vögel in der Nähe vieler Fischkutter überwintert haben. Das gilt besonders für West-Afrika, wo die Fischerei erst in den

1990er-Jahren stark intensiviert wurde und die Fischressourcen insbesondere von europäischen Fischereiflotten stark genutzt werden. Die Beobachtungen niederländischer Kollegen bestätigen unsere Daten: Auf ihren Forschungsfahrten konnten sie in dem von uns identifizierten Gebiet vor Westafrika sehr viele Basstölpel sichten. Fast 90 Prozent aller Individuen folgten dort Fischkuttern.

3. Zu welchen politischen Veränderungen der Fischereipolitik hat die Studie beigetragen?

Inzwischen hat sich die Fischereipolitik der Europäischen Union geändert, sodass nach und nach für diejenigen Fischarten, für die eine Fangmengenbegrenzung besteht (die sogenannte Fangquote), ein Verbot der Rückwürfe auf See eingeführt wurde. Werden von diesen Fischarten trotzdem untermaßige Fische gefangen, müssen sie an Land gebracht und auf die Quote angerechnet werden. So sind die Fischer motiviert, keine zu kleinen Fische zu fangen, und damit konnte die Menge an Fischereiabfällen, die auf See über Bord geworfen wird, deutlich reduziert werden.

Für viele Seevögel bedeutet das folglich, dass die künstlich zugeführte Nahrungsquelle versiegt ist oder zumindest verringert wurde. Da diese Änderungen aber schrittweise umgesetzt wurden, hatten die Vögel die Möglichkeit, sich langsam an die Umstellung zu gewöhnen. Aus ökologischer Sicht ist die Verringerung der Beifänge eine lange erwünschte Maßnahme, und so war dieses Forschungsprojekt einer von mehreren Bausteinen, die dazu beitrugen, das Ausmaß und die weitreichenden Konsequenzen der Discardproblematik aufzuzeigen und letztendlich eine Änderung der Fischereipolitik zu bewirken.

Wenn Fischereiabfälle (Beifang und Schlachtabfälle) nach Sortieren des Fischfangs über Bord gehen, entsteht beim Erbeuten dieser Nahrung oft Konkurrenz zwischen den wartenden Vögeln (hier: Silber- und Mantelmöwen *Larus argentatus* und *L. marinus*).

5.2 Kanadas einsame Wildnis: Bonaventure Island

Basstölpel sind nicht nur fotogen, sondern zu ihrem Unglück auch sehr schmackhaft. Lange Zeit wurden sie vom Menschen so intensiv bejagt, dass die riesigen Kolonien im Bereich des Sankt-Lorenz-Golfs in Kanada bis zum Beginn des 20. Jahrhunderts fast ausgerottet waren. Die Vögel nutzte man aber nicht nur zum Verzehr, sondern auch als Köder für die Kabeljaufischerei. Da sie zur Brutzeit an Land auf ihren Nestern nur wenig Scheu zeigen, sind sie einfach zu fangen und damit leichte Beute. Erst im Verlauf des 20. Jahrhunderts rückte die Erkenntnis stärker in den Vordergrund, dass die Ressourcen unseres Planeten nicht unendlich sind und möglichst nachhaltig genutzt werden sollten. Nach und nach erfolgte ein gesellschaftliches Umdenken, Naturschutzvereine entstanden und immer mehr Menschen begannen, sich für die Natur und deren Erhalt zu engagieren.

Kanadas Wildnis braucht Hilfe

So wurden schließlich Maßnahmen zum Schutz der Basstölpel auf den Weg gebracht und die Bestände konnten sich langsam wieder erholen. Das Engagement für den Naturschutz entwickelte sich von Land

Bonaventure Island in Kanada beherbergt mit aktuell rund 50 000 Paaren eine der größten Basstölpel-Kolonien weltweit.

zu Land sehr unterschiedlich und wird auch heute noch verschieden gehandhabt, was die Priorität und das Bewusstsein von Naturschutz und nachhaltiger Naturnutzung betrifft.

Deutschland übernahm bei diesem Thema weltweit eine wichtige Vorreiterrolle. Bereits im Jahr 1899 gründete Lina Hähnle den „Bund für Vogelschutz", der heutzutage unter dem Namen „Naturschutzbund Deutschland" (NABU) bekannt ist. Als sogenannte „Non Governmental Organization" (NGO), also „Nichtstaatliche Organisation", gehört der NABU zu den privaten, zivilgesellschaftlichen Interessenverbänden. Mit über 900 000 Mitgliedern und Förderern (Stand April 2023) ist er als Verein organisiert und hat sich den Schutz von Flüssen, Meeren, Wäldern und verschiedener Tierarten auf die Fahne geschrieben. 1907 folgte die Gründung des „Vereins Jordsand", der sich für den Natur-, See- und Küstenvogelschutz an der Nord- und Ostseeküste sowie im Großraum Hamburg einsetzt. Andere Länder zogen nach, und so gründeten sich 1922 in Großbritannien die NGO „BirdLife International", 1947 in Kanada der staatliche „Canadian Wildlife Service" und 1961 in der Schweiz die bekannte NGO „World Wildlife Fund For Nature" (WWF).

Während Naturschutz lange Zeit hauptsächlich eine regionale Angelegenheit war, änderte sich das im Laufe der Jahrzehnte, nicht zuletzt, weil die Umweltprobleme immer globaler werden und vor Ländergrenzen längst keinen Halt mehr machen wie z. B. der Klimawandel oder der Müll im Meer. Eine wichtige Rolle spielen daher internationale Netzwerke, Gremien und Arbeitsgruppen, die grenzübergrei-

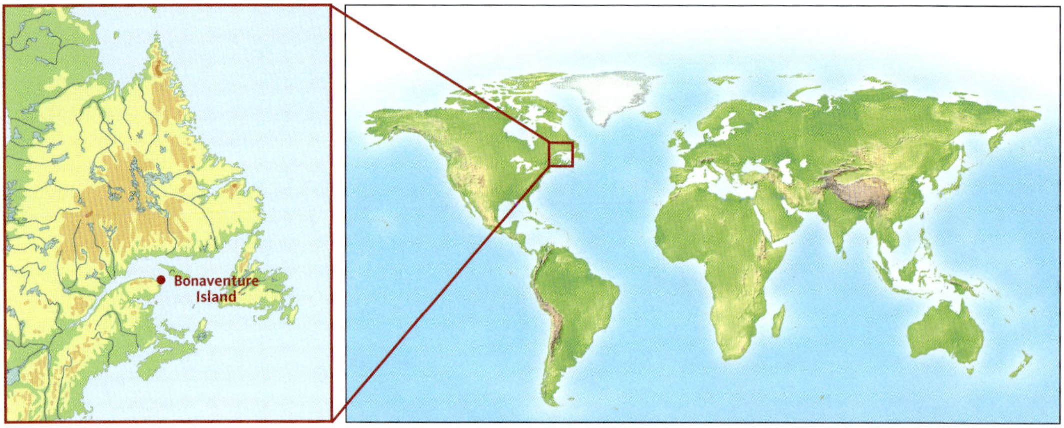

Die geographische Lage von Bonaventure Island im Sankt-Lorenz-Golf im Osten Kanadas.

fend agieren. Ihre Mitglieder tauschen sich regelmäßig über ihre Erfahrungen, wissenschaftliche Methoden und Forschungsergebnisse aus, sodass man voneinander lernen und sich gegenseitig unterstützen kann. Dazu gehört auch der Internationale Rat für Meeresforschung (ICES),

BONAVENTURE ISLAND

INFOBOX 6

Bonaventure Island hat eine rundliche Form mit einer Fläche von knapp 4,16 km^2, ist bis zu 137 m hoch und liegt ungefähr 5 km von der Küste entfernt vor der kleinen Hafenstadt Percé. Dessen knapp 3000 Einwohner leben hauptsächlich vom Tourismus. Von Mai bis Oktober werden neben Whale Watching-Touren auch Bootsfahrten nach Bonaventure angeboten. Die Insel gehört zu einem Nationalpark, der auch den rund 400 Millionen Jahre alten, imposanten Kalksteinfelsen „Rocher Percé" einschließt. Auf Bonaventure konnten bisher über 290 Vogelarten beobachtet werden, und so ist es als eines der am besten zugänglichen Vogelschutzgebiete ein Touristenmagnet mit bis zu 60 000 Besuchern pro Jahr.
(Quelle: https://en.wikivoyage.org/wiki/Percé)

Betreut wird die Insel von der staatlichen Behörde SEPAQ (Société des établissements de plein air du Québec), deren Mitarbeitende Führungen anbieten und die Logistik instand halten, um mithilfe von langen Holzbohlenwegen, Zäunen und Beobachtungstürmen die großen Besucherströme kanalisieren zu können und die Brutvögel vor Störungen zu schützen.

Um die zutraulichen Vögel aus der Nähe erleben zu können, sie aber beim Brutgeschäft nicht zu stören, wurden zur Lenkung der Touristenströme Holzbohlenwege und Beobachtungshütten errichtet.

der 1902 von acht europäischen Ländern gegründet wurde. Heute besteht er aus 20 Mitgliedstaaten, darunter auch Deutschland und Kanada. Der Rat koordiniert mehr als 100 wissenschaftliche Arbeitsgruppen. So ergab sich schließlich der Kontakt zwischen der Universität Kiel, der Memorial University in St. Johns, Neufundland, und dem staatlichen Canadian Wildlife Service, der sich im Jahr 2011 mit einem konkreten Hilferuf an das Forschungs- und Technologiezentrum Westküste (FTZ) der Universität Kiel wandte. Dabei ging es um die Insel Bonaventure in Québec im Osten Kanadas und ihre gefiederten Bewohner, die gänsegroßen Basstölpel.

Die Basstölpel von Bonaventure Island

Ähnlich wie Bass Rock in Schottland beherbergt die Insel Bonaventure mit über 100 000 Vögeln eine der größten und ältesten Brutkolonien der Welt.

Wie in fast allen Bereichen des Nordatlantiks erholten sich auch hier die angeschlagenen Bestände erst in der Mitte des 20. Jahrhunderts

Blick auf den Schiffsanleger von Bonaventure Island und den markanten Kalksteinfelsen Rocher Percé im Hintergrund.

und wuchsen nachfolgend stetig an. Ab dem Jahr 2010 stagnierten die Zahlen hier jedoch plötzlich und zeigten in den nächsten Jahren sogar leicht absteigende Tendenzen. Vor allem verschlechterte sich plötzlich der Bruterfolg. Damit bezeichnet man die Anzahl der Jungvögel, die am Ende der Brutsaison tatsächlich flügge geworden sind. Im Vergleich zu den anderen Basstölpel-Kolonien auf der Nordhalbkugel war diese Entwicklung ungewöhnlich.

Was konnten die Gründe dafür sein? Systematisch klopften wir mit den kanadischen Kollegen wie Kriminalisten die möglichen Ursachen ab. Leider gibt es in der komplexen Ökologie selten einen einzigen „Täter“. Meist handelt sich um eine multikausale Situation, an der verschiedene „Verursacher“ beteiligt sind, die sich gegenseitig in ihrer Wirkung verstärken können, was man als kumulative Effekte bezeichnet.

Also versuchten wir die in Frage kommenden Parameter zunächst einzugrenzen und dann eine Hierarchie der möglichen Einflussstärken zu erstellen. Welche Ursache hat den stärksten Effekt, welche den schwächsten, welche Probleme und Auswirkungen können wodurch erklärt und dann wie gelöst oder wenigstens abgemildert werden?

Die nachfolgenden Gründe konnten für einen Bestandsrückgang und/ oder die Brutausfälle theoretisch in Frage kommen.

1. Die Verfügbarkeit von Brutplätzen

In Küstenregionen und besonders auf Inseln kann das limitierte Platzangebot das Wachstum einer Brutkolonie begrenzen. Basstölpel bauen ihre Nester gern auf Felsvorsprüngen und Klippen wie auf Bass Rock, aber auch auf flachem Boden wie über weite Flächen auf Bonaventure.

Eine typische Felsenkolonie lässt sich übrigens gut auf Deutschlands einziger Hochseeinsel Helgoland beobachten, die seit dem ersten Brutnachweis im Jahr 1991 inzwischen eine Koloniegröße von fast 1500 Brutpaaren aufweist (Stand 2022).

Wie war nun diesbezüglich die Situation in Québec? Bonaventure Island ist unbewohnt

Funk Island vor der Küste von Neufundland, Kanada: Eine der wenigen Kolonien, in denen Basstölpel ausschließlich auf flachem Grund brüten. Dies ist nur möglich, wenn es auf den Inseln keine Bodenräuber gibt. Im Hintergrund ein Eisberg.

und liegt in einem Naturschutzgebiet. Besucher können die Insel von Frühjahr bis Herbst per Boot besuchen und dürfen dort nur die ausgewiesenen Spazierwege benutzen, sodass die Vögel nicht gestört werden. Es gibt keine Raumkonkurrenz mit dem Menschen, weder durch Bebauung und Flächenversiegelung noch durch Freizeitaktivitäten und auch nicht unter den Vögeln. Trotz der beträchtlichen Koloniegröße sind immer noch genügend freie Flächen vorhanden, die sich als Brutplätze eignen würden. So konnte der Faktor Platzmangel als Erklärung für stagnierende oder rückläufige Brutpaarzahlen und erst recht für den schlechten Bruterfolg ausgeschlossen werden.

2. Prädatoren (Räuber)

Auch die kräftigen und äußerst wehrhaften Basstölpel haben Feinde. Die Altvögel müssen sich z. B. vor Weißkopf-Seeadlern in Acht nehmen, die in Kanada verbreitet und durchaus in der Lage sind, erwachsene Basstölpel zu schlagen. Vogeleier und Küken stehen auf dem Speiseplan von sogenannten Bodenräubern wie Ratten, Füchsen, Mardern und Minks, aber auch von Rabenvögeln. Diese sind bekannt dafür, in Kolonien von kleineren Seevögeln wie Seeschwalben und Möwen großen Schaden anrichten und sogar zur Auflösung führen zu können.

Der Weißkopf-Seeadler (*Haliaeetus leucocephalus*) ist seit 1782 das Nationalsymbol der USA. Er ist die einzige Vogelart in Nordamerika, die in der Lage ist, Basstölpel zu schlagen. Ihre Anwesenheit in deren Brutkolonien führt zu Unruhe und erhöhter Wachsamkeit bei den Seevögeln.

Bonaventure hat jedoch den Vorteil, dass es ungefähr fünf Kilometer vom Festland entfernt liegt und Bodenräuber die Insel zumindest im Sommer schwer oder gar nicht erreichen können. Im Winter sieht die Situation anders aus, da die Bucht zufriert und die geschlossene Eisdecke begehbar wird. Eine Handvoll Füchse hat sich auf diesem Wege inzwischen erfolgreich auf der Insel angesiedelt. Einige Exemplare sind sogar so zutraulich, dass sie Touristen bei deren Ankunft aus sicherer Entfernung neugierig am Bootssteg beäugen. Der steile Anstieg bis zur Kolonie, für den man auf zwei Beinen ca. 45 Minuten benötigt, ist für sie keine Hürde, sodass auch in Kolonienähe immer wieder Füchse gesichtet werden. Futter gibt es dort reichlich, aber nicht nur Eier und Küken, sondern auch viele Fischreste, die übersatte Jungvögel bei der Fütterung gelegentlich wieder ausspucken. Basstölpel muss man sich wie einen fliegenden Magen vorstellen. Das Organ nimmt einen beträchtlichen Bereich im Körper des Vogels ein. Nachdem der Altvogel sich bei der Nahrungssuche zunächst selbst sattgefressen und seinen eigenen Nahrungsbedarf verdaut hat, fungiert der Magen als perfekter Transportbehälter, in dem die Mahlzeiten für den Nachwuchs sicher nach Hause gebracht werden. Der frische Fisch wird mit dem starken Muskelmagen zu einem Nahrungsbrei zerkleinert, der nach der Ankunft in der Kolonie vom Altvogel wieder hochgewürgt und wie bei einer Mund-zu-Mund-Beatmung an das Küken verfüttert wird. Als Mensch sollte man sich beim Beobachten dieser speziellen Fütterungsmethode lieber nicht zu sehr in einen Basstölpel hineinversetzen. Jedenfalls kommt es wie beim Menschen auch hier vor, dass die Augen größer sind als der Magen und sich der ewig um Futter bettelnde Nachwuchs in seinen Aufnahmekapazitäten überschätzt. So geht die eine oder andere Fischladung daneben und wird anschließend nur zu gern von vierbeinigen Fischliebhabern verwertet. Auch Rabenvögel lieben diese Leckerbissen und schwirren vereinzelt durch die Kolonie, aber nicht ohne gebührenden Abstand und gehörigen Respekt vor den vielen rasiermesserscharfen Schnäbeln zu haben. Insgesamt ist die Anzahl an Prädatoren auf der Insel aber viel zu gering, um dort ernste Schäden anrichten zu können, sodass wir auch diesen Faktor ausschließen konnten.

Zur Fütterung stößt der Jungvogel seinen Kopf in den Schlund des Altvogels, der einen Nahrungsbrei hochwürgt.

3. Krankheiten, Parasiten, Umweltbelastungen

Wildtiere haben so gut wie immer mit Parasiten zu kämpfen und ihr Organismus ist auch bis zu gewissen Grenzen daran angepasst. Im Gegensatz zum Menschen haben Vögel in der freien Natur den Vorteil, dass sie im Fall schwerer Erkrankungen normalerweise innerhalb weniger Tagen sterben und keine langen Leidenszeiten zu erwarten haben. Auffallend war diesbezüglich, dass auf Bonaventure keine auffallend hohe Anzahl an toten Altvögeln zu finden war, die über die übliche Menge in einer so großen Kolonie hinausginge und die beim Ausbruch einer Krankheit zu erwarten gewesen wäre. Die Ursache für einen Rückgang an Brutvögeln hätte in diesem Fall also außerhalb der Brutzeit liegen müssen, z.B. in einem Ölunfall oder Ähnlichem, was aber das Kükensterben immer noch nicht erklärt hätte. Nach verschiedenen Untersuchungen gab es für keinen der hier genannten Punkte stichhaltige Hinweise.

4. Das Nahrungsangebot

Basstölpel fressen ausschließlich Fisch, bis auf einen kleinen Anteil an Tintenfischen, die zu den Weichtieren (Mollusken) bzw. Kopffüßern (Cephalopoden) gehören. Besonders beliebt sind Makrelen, Heringe, Lodden und Sandaale, aber um täglich mehr als hunderttausend Vögel zu versorgen, muss das Meer um Bonaventure herum davon eine beträchtliche Zahl im Angebot haben. Wo genau die Tiere überhaupt Nahrung finden und wie weit sie dafür von der Kolonie entfernt suchen müssen, war bis dato kaum bekannt. Änderungen der Nahrungsverfügbarkeit in einem Habitat sind nicht ungewöhnlich und in vielen Fällen einer der Haupteinflussfaktoren auf die Bestandsentwicklungen von Tierpopulationen. Die Gründe für Schwankungen im Nahrungsangebot können sowohl natürlichen als auch menschengemachten Ursprungs sein. Hier ist vor allem die Fischerei zu nennen, die eine starke Konkurrenz zu fischfressenden Meeresbewohnern wie Seevögel, Robben und Wale darstellt.

Makrelen (*Scomber scombrus*) sind Schwarmfische und können schnell schwimmen. Sie sind für Basstölpel, die sie stoßtauchend in der oberen Wasserschicht erbeuten, wegen des hohen Energiegehaltes eine beliebte Beute.

Aber auch Änderungen der Strömungsverhältnisse oder der Temperatur des Meerwassers können das Nahrungsangebot beeinflussen. Wird es in den oberen Bereichen der Wassersäule wärmer, wandern kälteliebende Fische in tiefere Wasserschichten ab und sind für Seevögel, die nur bis in bestimmte Tiefen tauchen können, nicht mehr erreichbar.

Die hohe Wahrscheinlichkeit, dass ein verändertes Nahrungsangebot sowohl für den Rückgang des Brutvogelbestandes als auch für den schlechten Bruterfolg (mit-)verantwortlich sein könnte, rückte diesen Faktor schnell in den Vordergrund. Um diesen Punkt genauer untersuchen zu können, bot sich hier der Einsatz von Loggern der neuesten Generation an. Die Technologie war inzwischen weit vorangeschritten. Die wetterabhängigen Lichtlogger mit ihren entsprechenden Ungenauigkeiten kamen immer seltener zum Einsatz. An ihre Stelle waren hochpräzise GPS-Sensoren getreten. Allerdings standen deren Einsatz zu dieser Zeit noch einige Hürden im Wege. Der Preis für die neuen GPS-Geräte und die zugehörige Software zur Datenanalyse lag seinerzeit noch in beträchtlichen Höhen. Dazu kam die aufwändige Einarbeitung in die korrekte Anbringung der Geräte sowie in die komplexen Analyse-Programme. Nicht jede Institution war in der Lage, die Kosten und den zeitlichen Einsatz dafür aufzubringen. So lag dieses Wissen bis zur Mitte der 2000er-Jahre in den Händen von nur wenigen Menschen weltweit. Das FTZ gehörte dazu und daher wandte sich der Canadian Wildlife Service im Jahr 2012 an uns und bat um Unterstützung. Gern sagten wir zu.

Ein Jungvogel wird von einem Elternteil im Nest bewacht und hechelt, um sich in der Sommerhitze abzukühlen.

Auf ins Land der Elche, Biber und vielen, vielen Bäume

In wechselnden Teams werden wir mehrfach nach Kanada fliegen und die Situation vor Ort mithilfe der Logger-Technologie genauer unter die Lupe nehmen.

Der Kalender zeigt Juli 2012 und die Brutzeit der Basstölpel auf Bonaventure ist in vollem Gange. Über Frankfurt geht es nach Montréal, von dort nach Québec City und mit einer winzigen De Havilland Dash 8-100 für die letzte Etappe nach Gaspé. Nach der knapp zwanzigstündigen Anreise bringt uns der am Flughafen gemietete Wagen in einer knappen Stunde durch die einsame, nordische Landschaft an unseren Zielort, die kleine Hafenstadt Percé. Kanada ist etwa 28-Mal so groß wie Deutschland, hat mit 36,5 Millionen aber weniger als halb so viele Einwohner. Die meisten davon leben in den wenigen Großstädten, der Rest verteilt sich auf kleinere Städte und Dörfer mit teils verstreuten Einzelhäusern. Wer die Natur liebt und es gern einsam mag, ist in Kanada goldrichtig. Über weite Strecken treffen wir auf eine unbesiedelte, dicht bewaldete Landschaft, durch die sich die wenigen Straßen wie durch ein Labyrinth schlängeln. Vereinzelt wurden kleine Schneisen in den undurchdringlichen Wald aus unzähligen Ahornbäumen und Nadelhölzern geschlagen, um Platz für die versprengten Grundstücke zu schaffen. Die architektonische Vielfalt hält sich in engen Grenzen, es gibt fast ausschließlich Holzhäuser, die sich in erster Linie durch ihre unterschiedlichen Farben voneinander unterscheiden. Außer einem Biber, der uns zwecks Straßenüberquerung ausbremst, begegnen wir glücklicherweise keinem Vierfüßer, der nicht auf den Asphalt gehört, vor allem keinen Elchen, vor denen man uns ausdrücklich gewarnt hatte. In den dunklen Abendstunden tauchen sie gerne aus dem Nichts auf und nehmen es unerschrocken mit jedem Auto auf, verlassen aber selten als einziger Verlierer den Ring. Einen Rückwärtsgang kennen Elche offenbar nicht, daher sollte man nächtliche Fahrten hier mit besonders hoher Aufmerksamkeit absolvieren.

Steile Klippen kennzeichnen die Nordküste von Bonaventure Island. Im Hintergrund sieht man die Küstenlinie der Gaspé-Halbinsel.

Percé begrüßt uns am Ortseingang mit einem traumhaften Blick auf Bonaventure Island und das Wahrzeichen des Städtchens, den „Rock Percé“. Das ist ein 88 Meter hoher und 438 Meter langer Kalksteinfelsen mit einem markanten Felsentor, der bei Ebbe vom Strand aus zu Fuß erreichbar ist. Die kanadischen Kollegen erwarten uns bereits in unserer Unterkunft, die aus einer rustikalen Holzhütte mit Veranda und Holzfällercharme besteht. Ein großes Schild weist darauf hin, Türen und Fenster beim Verlassen der Hütte gut zu verschließen, da ansonsten mit ungebetenen Gästen zu rechnen sei. Dass es sich hierbei weniger um zweibeinige Langfinger, sondern um vierpfotige Fellbündel, sprich Streifenhörnchen handelt, die auf der Suche nach Nahrung alles durchforsten, was nicht niet- und nagelfest ist, lernen wir kurz nach unserem Einzug. Im Nu erklimmt ein neugieriger Racker hopsend die Stufen der Verandatreppe und wir können die verlockenden Müslipackungen gerade noch erfolgreich verteidigen. Zum Glück widmet sich der niedliche Besucher schnell wieder dem reichhaltigen Angebot an Zapfen und Samen in der üppigen Waldlandschaft um uns herum. Ganz in der Nähe hat der Vermieter eine rot leuchtende Vogeltränke in Blumenform aufgehängt, die mit Sirup gefüllt ist. Kurz darauf nähert sich auch schon ein winziger, glänzend-schimmernder Kolibri, der sich mit beeindruckend hohem Flügelschlag an der Zucker-Tankstelle bedient. Willkommen in der kanadischen Tierwelt.

Das Östliche Streifenhörnchen (*Tamias striatus*) lebt in Laubwäldern und Parks im östlichen Nordamerika.

Am nächsten Morgen brechen wir nach Bonaventure auf, um die ersten Logger auszubringen. Das Wetter kann hier auch im Sommer stürmisch sein und eine Anlandung der Boote, die von Percé aus zu ihrer knapp zwanzigminütigen Überfahrt starten, unmöglich machen. So muss der Schiffsverkehr an manchen Tagen eingestellt werden. Zum Glück spielt das Wetter mit und wir betreten wohlbehalten die Insel, deren Anleger von einigen typisch kanadischen Holzhäusern umrahmt wird. Sie beherbergen u. a. einen kleinen Souvenirshop und ein Museum, in dem man in das einfache Leben der Fischer und ihrer Familien eintauchen kann, die noch bis in die 1960er-Jahre auf der Insel ansässig waren.

Die Basstölpelkolonie liegt ganz oben auf dem Inselplateau, und so erwartet uns zum Frühsport ein knapp dreiviertelstündiger Fußmarsch bergaufwärts. Nichtraucher sind hier klar im Vorteil.

Kurz vor der letzten Kurve schlägt uns nicht nur eine imposante Geräuschkulisse aus schnarrenden Tölpelrufen entgegen, sondern auch eine bemerkenswerte Duftwolke, die leicht beißend nach Guano riecht, den Exkrementen. Tausende Vögel kündigen sich von weitem an und man bekommt eine leise Ahnung vom bunten Treiben auf der Bergspitze. Ein weißes Meer aus Federn sitzt dicht an dicht über die riesige Fläche des flachen Bodens verteilt. Wie auf Bass Rock in Schottland ist auch hier jedes Nest genau eine Schnabelspitze vom Nachbarn entfernt und wieder wird jede Grenzüberschreitung sofort mit heftigen Schnabelbissen geahndet. Um die Störung der Brutvögel so gering wie möglich zu halten, hat man ein langes Wegenetz aus Holzbohlenstegen errichtet, die die Touristenströme am Kolonierand entlang zu mehreren Plattformen und Aussichtstürmen führen. Von dort hat man einen großartigen Ausblick über die Vogelmassen und kann sich exzellente Fotomotive sichern, ohne den Tieren zu nahe zu kommen.

Bonaventure Island ist ein Touristenmagnet.

Die Vögel interessieren sich nicht im Geringsten für die Besucher und brüten sogar dicht entlang der Zäune, was das Naturerlebnis für die Gäste besonders intensiv macht. Einige Vögel haben noch Eier, die sie in ihren schlichten Nestkuhlen bebrüten, in vielen Nestern sind aber bereits kleine Küken geschlüpft. Wir bringen insgesamt 13 GPS-Datenlogger aus. Für diese Studie haben wir besonders leistungsstarke, etwas größere Batterien in die Geräte einbauen lassen, damit über mehrere

Wochen alle fünf Minuten die Positionsdaten der Vögel erhoben werden können.

Bevor endlich die Fernauslese von Datenloggern möglich ist, müssen auch diese Geräte nach der gewünschten Laufzeit zunächst wieder zurückgewonnen werden, um die Daten auswerten zu können. Die Ausbringung erfolgt zügig und völlig problemlos und Mitte August kehren wir nach Kanada zurück, um die Logger mit ihrer wertvollen Datenfracht zu bergen.

Zurück auf Bonaventure Island

Große Bereiche der Basstölpel-Kolonie auf Bonaventure Island sind im August 2012 verlassen; viele Vögel haben wegen des Nahrungsmangels die Brut abgebrochen und sind abgewandert.

Unsere Wiedersehensfreude wird jedoch deutlich getrübt, denn wir trauen unseren Augen kaum, als wir das Inselplateau erreichen. Die Kolonie ist stark ausgedünnt, viele Nester sind entweder leer oder die Küken sitzen unbewacht darin, was bedeutet, dass beide Elternvögel gleichzeitig auf See sind. Das ist ungewöhnlich, da sich normalerweise immer ein Elternteil um den Nachwuchs kümmert, um ihn vor zu starker Sonnenstrahlung, Attacken durch Nachbarvögel oder Prädatoren wie Füchse, Krähen und Möwen zu schützen. Fehlen beide Elternteile am Nest, ist das meist ein deutlicher Hinweis auf Nahrungsverknappung, sodass ein Elternvogel es allein nicht mehr schafft, sich selbst zu versorgen und auch noch genügend Futter für sein Küken zu finden.

Wir machen uns auf die Suche nach unseren Logger-Vögeln, finden aber gerade einmal die Hälfte der Tiere wieder. Offenbar haben die anderen ihr Brutgeschäft in der Zwischenzeit abgebrochen und die Kolonie bereits verlassen. Sie werden die Zeit bis zur nächsten Brutsaison auf See verbringen und sind für uns nun unerreichbar. Da die kleinen Logger nur mit Gewebeband an den Schwanzfedern befestigt sind, fallen sie bei der nächsten Mauser einfach ab. Die Parkran-

Basstölpel sind Stoßtaucher. Sie erspähen ihre Beute meist aus 10 bis 20 m Flughöhe und gehen dann in Pfeilform in den Sturzflug, indem die Flügel eng an den Körper angelegt werden. Sie können so bis zu etwa 7 m tief in die Wassersäule eintauchen.

ger berichten uns traurig, wie schlecht es den Vögeln in den beiden Wochen vor unserer Rückkehr ergangen ist, viele tausend Küken sind bereits gestorben. An einigen Nestern können wir beobachten, dass die Altvögel zwar von See zurückkehren, aber die bettelnden Küken nicht füttern. Offensichtlich reichen die Fischvorkommen gerade zum Überleben der Elterntiere, aber nicht mehr für den Nachwuchs aus. In solchen Notfällen gewichten Seevögel ihr eigenes Überleben höher als das ihrer Küken, stellen die Fütterungen ein und brechen das Brutgeschäft irgendwann ganz ab.

Das Gewicht der Elterntiere ist ein weiterer Indikator für den Ernährungszustand und die Nahrungsverfügbarkeit in der Region und so führen wir entsprechende Messungen durch. Ein Altvogel wiegt normalerweise zwischen 3 und 3,4 Kilogramm. 2012 messen wir aber im Durchschnitt nur ein Gewicht von 2,8 Kilogramm, ein Tier wiegt noch nicht einmal 2,5 Kilogramm. Da die meisten Hochseevögel um die 20 bis 30 Jahre alt werden können, reicht es zum Erhalt der Population aus, wenn im Laufe ihres Lebens nur eines ihrer Küken überlebt und später selbst erfolgreich ein eigenes Küken großzieht. So können auch mehrere erfolglose Bruten im Laufe eines Vogellebens kompensiert werden und bringen die Art nicht gleich in Gefahr. Die Sterblichkeit bei den Jungvögeln nach dem Verlassen der Kolonie ist recht hoch: Es überleben im Mittel nur etwa 40 Prozent der Jungtiere das erste Jahr. Während Möwen nach drei oder vier Jahren geschlechtsreif werden, sind Basstöl-

pel erst im fünften oder sechsten Lebensjahr ausgewachsen und brüten erst dann zum ersten Mal. Bis dahin überlebt insgesamt nur ein Viertel der Jungtiere. Ein so schlechter Bruterfolg wie in dieser Brutsaison fällt jedoch völlig aus dem üblichen Rahmen, insgesamt wurden nur in wenigen Nestern auf Bonaventure überhaupt Jungvögel flügge.

Was sagen uns die Daten?

Auch wenn wir nur knapp die Hälfte unserer Geräte zurückgewinnen können, lassen sich aus den gewonnenen Daten noch genügend Schlüsse ziehen, wo sich die Vögel während der Brutzeit zur Nahrungssuche aufgehalten haben.

Wir vergleichen unsere Daten mit den Ergebnissen aus anderen Studien an dieser Vogelart und finden tatsächlich Hinweise darauf, dass sich die Basstölpel zur Nahrungssuche auffällig weit von der Kolonie entfernt haben. Das verstärkt den Verdacht, dass das Nahrungsangebot in der Nähe der Insel für die große Kolonie zu klein war. Die Fragen lauten nun:

- Was ist jetzt anders als in früheren Jahren?
- Hat die Situation natürliche oder anthropogene (menschengemachte) Ursachen?
- Wie wird sich die Lage in den nächsten Jahren entwickeln?

Die Folgejahre

Die kanadischen Kollegen kontrollieren im Rahmen eines Langzeitmonitorings auch in den Folgejahren den Bruterfolg und den Gesamtbestand der Kolonie. Eine Katastrophe wie dieses massive Kükensterben hat sich bisher glücklicherweise nicht wiederholt. Die Ergebnisse des Monitorings zeigen aber, dass der Bruterfolg in den 2010er-Jahren bei weitem nicht mehr so hoch war wie noch in den 1980er- und 1990er-Jahren.. Das heißt, dass sich die Bedingungen im Sankt-Lorenz-Golf für die Vögel verschlechtert haben müssen. Die Hinweise auf eine Verknappung der Nahrungsverfügbarkeit als Hauptursache verdichten sich inzwischen immer mehr.

Wir setzen unsere Untersuchungen in drei weiteren Sommern auf Bonaventure fort. Einige Logger enthalten zusätzliche Drucksensoren, um herauszufinden, wie tief die Basstölpel tauchen müssen, um an Nahrung zu kommen. Und siehe da, die Logger liefern uns im Jahr 2014 sehr interessante Ergebnisse. Die Brutzeit im Mai und Juni 2014 begann für die Vögel offenbar normal. Dann schien die Nahrung im Juli und August wieder knapp zu werden, wie wir an vielen leeren Nestern erkennen können. Außerdem zeigten einige Tiere ein verändertes Flugverhalten im Vergleich zum Vormonat: Die Vögel legten auffallend lange Flugstrecken zur Nahrungssuche zurück und entfernten sich zeitweise bis über 1800 Kilometer von der Kolonie. Bei guter Nahrungs-

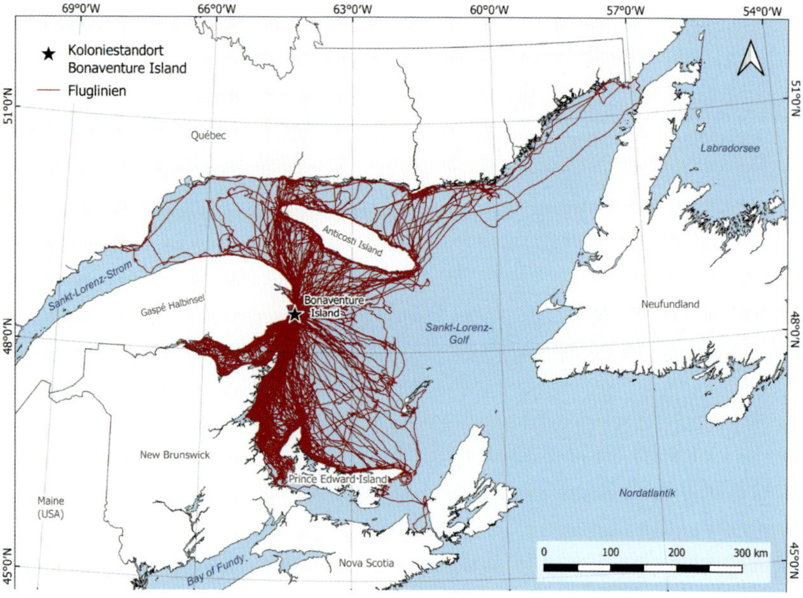

Im Juli und August 2014 aufgezeichnete Flugrouten von 29 auf Bonaventure Island brütenden Basstölpeln. Die Nahrungsflüge deckten fast die gesamte westliche Hälfte des Sankt-Lorenz-Golfs ab und führten in einzelnen Fällen sogar bis in die Nachbarprovinzen Neufundland und Nova Scotia.

verfügbarkeit liegen die Nahrungsgründe normalerweise nur um die 50 bis 150 Kilometer entfernt. Die längste Abwesenheit eines Tieres von seinem Nest betrug sieben Tage statt der sonst üblichen ein bis zwei. Küken müssen in einem Alter von über zwei Wochen nicht täglich gefüttert werden, aber eine mehrtägige Hungerzeit kann für das Überleben durchaus kritisch werden.

Auch Buckelwale (*Megaptera novaeangliae*) suchen in den Sommermonaten regelmäßig im Sankt-Lorenz-Golf nach Nahrung.

Wie kann es zu einem Nahrungsmangel kommen?

Die Datenlage zeigt es schließlich eindeutig: Auf Bonaventure gab es in den letzten Jahren während der Sommermonate immer wieder Phasen, in denen Nahrungsmangel den Basstölpeln offenbar sehr zusetzte, vor allem gegen Ende Juli und Anfang August. Gerade in dieser Zeit sind die Küken bereits größer und die Altvögel müssen deutlich mehr Nahrung finden als während der Eibebrütung, wenn sie sich nur selbst versorgen müssen. Aber wodurch kann dieser Nahrungsmangel überhaupt entstehen?

Ein wesentlicher Grund ist nach unserer Einschätzung, dass die Bestände von Makrelen und Heringen sehr niedrig sind und schon seit Jahren immer weiter zurückgehen. Beide Fischarten bilden die Hauptnahrung für die Basstölpel von Bonaventure. Vor allem die Makrele ist als Beutefisch im Juli und in der ersten Augusthälfte von so zentraler Bedeutung für die Vögel, dass es in der benötigten Menge für die große Kolonie keine Alternative gibt. Die Makrelenbestände sind aktuell jedoch auf dem niedrigsten Niveau seit Beginn der Messreihe Ende der 1960er-Jahre, was dazu führt, dass sie häufig nicht mehr ausreichen, um die vielen Basstölpel zu ernähren. Woran liegt das? Seit den 1980er-Jahren wird von Ozeanographen ein Anstieg der Wassertemperatur im Sankt-Lorenz-Golf im Hochsommer registriert. Die Mittelwerte der Oberflächentemperatur im August liegen seit dem Jahr 2000 über 16 Grad Celsius. Die Makrele fühlt sich aber im Temperaturbereich zwischen sieben und 16 Grad Celsius am wohlsten und so wird es ihr in den oberen

Wasserschichten allmählich zu warm. In den Jahren 2012 und 2014 lag die Oberflächentemperatur des Meerwassers östlich und südlich von Bonaventure im Juli und August sogar zwischen 18 und 20 Grad. Die Makrelenbestände verlagern sich daher vor allem im Sommer immer stärker in Tiefen zwischen 10 und 20 Metern, in denen es kühler ist. Als Sturztaucher erreichen Basstölpel normalerweise nur Tiefen von sechs bis acht Metern und können die Makrelen daher nur noch schlecht oder gar nicht mehr erreichen. Das bedeutet, dass die Vögel weiter von der Kolonie entfernt nach Nahrung suchen müssen, z. B. im relativ kalten Nordosten des Sankt-Lorenz-Golfs. Als Nahrungskonkurrent kommt erschwerend die kommerzielle Makrelenfischerei hinzu, die die verbliebenen Makrelenbestände zusätzlich dezimiert.

Fazit

Was bedeutet diese Entwicklung für die Basstölpel auf Bonaventure? Hat die Situation negative Auswirkungen auf die Besucherzahlen von Bonaventure und den Tourismus, von dem die Bewohner von Percé hauptsächlich leben?

Da es sich bei den klimabedingten Änderungen um ein überregionales Phänomen handelt, kann man regional leider wenig dagegen unternehmen. Eine Reduzierung der Menge gefischter Makrelen und Heringe

Das Wahrzeichen von Percé, der fast 90 m hohe und ca. 450 m lange Felsen Percé Rocher.

wäre eine wichtige Maßnahme, die den Basstölpeln helfen würde, um die Nahrung nicht noch weiter zu dezimieren. Die gute Nachricht lautet: Der weltweite Bestand der Basstölpel wird durch die Erwärmung der Gewässer aktuell jedoch nicht gefährdet. Insgesamt wird sich diese Vogelart wahrscheinlich weiter nach Norden ausbreiten, mit entsprechend zunehmenden Beständen in Island und Norwegen. Die Kolonie auf Bonaventure wird sich aber sicher nicht so schnell auflösen. Wahrscheinlich ist jedoch, dass die Region längerfristig nicht mehr die bisherigen knapp 50 000 Brutpaare mitsamt ihren Küken ernähren kann, sondern sich die Kolonie etwas verkleinern wird. Das wäre für den Tourismus sicherlich keine dramatische Entwicklung, denn selbst eine halb so große Kolonie würde immer noch ein einzigartiges und spektakuläres Naturerlebnis bieten können. Bedenklich ist jedoch, in welch folgenreichem Ausmaß der Klimawandel das Nahrungsnetz im Sankt-Lorenz-Golf verändert.

Diese Studie zeigt einmal mehr, wie wichtig es ist, für verschiedene Gebiete ein sogenanntes Langzeit-Monitoring durchzuführen, in dessen Rahmen Bestandszahlen und Veränderungen über lange Zeiträume erfasst und dokumentiert werden. Erst dann lassen sich Beobachtungen aus Einzeljahren in das Gesamtgeschehen einordnen und ermöglichen damit eine seriöse Problemanalyse.

5.3 Viel Wind um viele Windmühlen: Platznot in Nord- und Ostsee?

Anfang der 2000er-Jahre hat uns ein vollkommen neues Forschungsthema gefunden, das wir uns nicht gesucht hatten. War es ursprünglich für einen Zeitraum von fünf bis zehn Jahren eingeplant, sollte es für eine gesamte Arbeitsgruppe mittlerweile seit über 20 Jahren einen zentralen Platz einnehmen, und ein Ende ist noch immer nicht in Sicht. Es geht um das Thema „Erneuerbare Energien" und speziell die Offshore-Windkraft, also Windparks auf hoher See. Aber der Reihe nach.

Die Weltbevölkerung wird nach den Prognosen der Vereinten Nationen (UN) bis zum Jahr 2050 auf fast zehn Milliarden Menschen anwachsen. Die Folgen der steten Bevölkerungszunahme für unseren Planeten sind schon lange klar: Mehr Menschen benötigen mehr Ressourcen, die auf unserer Erde aber nicht unbegrenzt vorhanden sind. Schon jetzt sind der Zugang zu sauberem Trinkwasser, gesunder Nahrung, sauberer Luft sowie genügend Platz zum Wohnen und Leben nicht überall selbstverständlich. Die negativen Auswirkungen des steigenden Ressourcenverbrauchs sind durch zunehmende Bebauung und Versiegelung von Flächen sowie durch die Zerstörung von Lebensräumen unübersehbar. Aber auch durch Umweltkatastrophen werden immer wieder ganze Regionen zu Land oder Wasser vernich-

Offshore-Windpark Gunfleet Sands vor der englischen Ostküste.

tet, ob durch Reaktorunfälle wie in Tschernobyl und Fukushima oder durch Ölverseuchung kilometerlanger Küstenabschnitte aus Tankerunfällen, undichten oder brennenden Ölplattformen. Dazu kommen sterbende Korallenriffe durch zu hohe Meerestemperaturen, die fortschreitende Vermüllung unserer Meere und immer häufigere Wetterextreme als Folgen des Klimawandels. Neben den komplexen Herausforderungen des Umwelt- und Naturschutzes ist die Zeit überreif, sich auf umweltfreundliche, nachhaltige und erneuerbare Energiequellen zu konzentrieren. So kam in Deutschland im Rahmen der Energiewende und der Abkehr von der Atomkraft neben der Förderung von Solaranlagen auch die Offshore-Windkraft auf die Agenda der Politik und schließlich der Wissenschaft.

Offshore-Windparks nördlich von Helgoland.

Strom durch Windparks auf dem Meer

Nachdem die Windenergie an Land bereits seit Mitte der 1990er-Jahre stark ausgebaut wurde, organisierte das Bundesamt für Naturschutz (BfN) 1999 auf der Insel Vilm den ersten Workshop zum Thema Offshore-Windkraft auf See mit dem Titel „Technische Eingriffe in marine Lebensräume“. Wissenschaftler und Behörden diskutierten darüber, was es für den Ausbau dieser neuen Technologie zu bedenken gab, vor allem in Hinblick auf die Auswahl geeigneter Standorte und die Auswirkungen auf die Meeresumwelt. Was an Land leider nicht überall vorausschauend geplant und umgesetzt worden war, verlief für die Offshore-Windkraft anfangs vorbildlich: Man machte sich nämlich bereits vor dem Bau der ersten Anlagen kritische Gedanken und baute nicht einfach wild darauf los, um erst nachher festzustellen, welche Konsequenzen für die Natur daraus folgten. So wurde viel Wert darauf gelegt, vor dem Bau nach den störungsärmsten Bereichen zu suchen.

Dies erfolgte allerdings nicht für jeden Windpark gleichermaßen konsequent, worauf wir im Absatz „Der Standort macht den Unterschied“ später noch genauer eingehen werden.

Windenergie nicht nur an Land, sondern auch die wesentlich größeren Windstärken auf See zu nutzen, lag jedenfalls auf der Hand. Allerdings gab es zum Bau der gigantischen Windmühlen, die über die Jahre immer größer wurden und inzwischen die Höhe des Kölner Doms weit übertreffen, hinsichtlich der technischen Umsetzung zunächst noch viele offene Fragen. So blieb den Wissenschaftlern etwas Zeit, die möglichen Folgen für die Meeresbewohner genauer zu betrachten.

Ein Basstölpel vor den Offshore-Windparks nördlich von Helgoland.

Im Fokus standen zunächst die Seevögel, die den Raum über der Wasseroberfläche am stärksten nutzen und damit von der Offshore-Windkraft auch am stärksten beeinträchtigt werden könnten. Die genaue Verbreitung von Seevögeln auf dem Meer ist jedoch nicht leicht einzuschätzen, da ihr Vorkommen in bestimmten Gebieten im Jahresverlauf und auch von Jahr zu Jahr erheblich schwanken kann. Das setzt eine Untersuchungszeit von mindestens zwei bis drei Jahren voraus, wie es in Deutschland dann auch umgesetzt wurde.

Windmühlen vs. Seevögel: Wo lauern die Gefahren?

Wie reagieren Vögel auf neue Phänomene wie Windmühlen? Je nach Art und Individuum kann das sehr unterschiedlich ausfallen. Man unterscheidet vor allem zwischen zwei Szenarien:

1. Die Vögel fliegen in die Windparks hinein bzw. hindurch

Mögliche Folgen:

- Beim Durchfliegen der Parks besteht die Gefahr, mit Rotoren und Pfeilern zu kollidieren. Die riesigen Rotorblätter erzeugen starke Luftwirbel, durch die Vögel weniger manövrierfähig sind und die vor allem kleinere Exemplare förmlich ansaugen können.
- Da in den Windparks selbst ein Fischereiverbot herrscht, stellen gerade diese Bereiche für fischfressende Seevögel ein interessan-

tes Nahrungsgebiet dar. Für Fische funktionieren die Fundamente der Windmühlen wie ein „künstliches Riff", sodass sie sich dort ansammeln und zurückziehen können, der Effekt auf diese Tiergruppe also durchaus positiv zu bewerten ist. Das lockt längerfristig möglicherweise jedoch mehr Seevögel in die Windparks hinein, was das Kollisionsrisiko entsprechend erhöhen würde.

2. Die Vögel meiden Windparks

Mögliche Folgen:

- Die Kollisionsgefahr ist für störungsempfindliche Arten zwar gering, dafür verlieren die Tiere jedoch einen Teil ihres Lebensraums, da sie die Parkflächen nicht mehr zur Nahrungssuche, zur Rast oder zum Schlafen nutzen können.
- Für Zugvögel, die im Frühjahr und Herbst zwischen ihren Brutplätzen und Winterquartieren pendeln, stellt der lange Flug eine extreme körperliche Herausforderung dar. Das weiträumige Umfliegen großer Windparks erhöht die Flugstrecke um zusätzliche Kilometer, was mehr Energie verbraucht. Arten, die auf ihren Zugwegen bereits am körperlichen Limit sind, können durch Umwege und Streckenverlängerungen in Energie-Engpässe geraten, was für sie lebensbedrohliche Folgen haben kann.
- Für Brutvögel können Offshore-Windparks ebenfalls Nachteile mit sich bringen: Die Brutzeit im Frühjahr und Sommer bindet die Vögel an ihre Kolonien an der Küste und auf den Inseln, sodass ihr Bewegungsradius eingeschränkt ist. Die Tiere können nur eine bestimmte Flugstrecke bewältigen, um Nahrung zu finden und wieder zum Nest zurückzukehren, die von Art zu Art sehr unterschiedlich sein kann. Aus verschiedenen Studien weiß man, dass Sturmmöwen pro Tag einen Radius von bis zu 30 Kilometern zurücklegen können. Heringsmöwen haben einen Aktionsradius von bis zu 100 Kilometern, Basstölpel sogar einen von bis zu 300 Kilometern. Letztere bleiben oft mehrere Tage auf See und müssen

Der Schiffsverkehr hat in den letzten Jahrzehnten stark zugenommen. Dies gilt besonders für den Transport von Containern.

nicht täglich zum Nest zurückfliegen. Windparks, die in der Nähe von Brutkolonien errichtet werden, können also je nach Art ganz unterschiedliche Auswirkungen haben.

Wann sind viele Windmühlen zu viel? Das Kreuz mit den kumulativen Effekten

Wenn mehrere Faktoren gemeinsam auf etwas einwirken, spricht man von kumulativen Effekten. Das heißt, dass der einzelne Faktor keine großen Auswirkungen haben muss, aber alle Faktoren zusammen in ihrer Kombination durchaus starke negative Effekte erzeugen können.

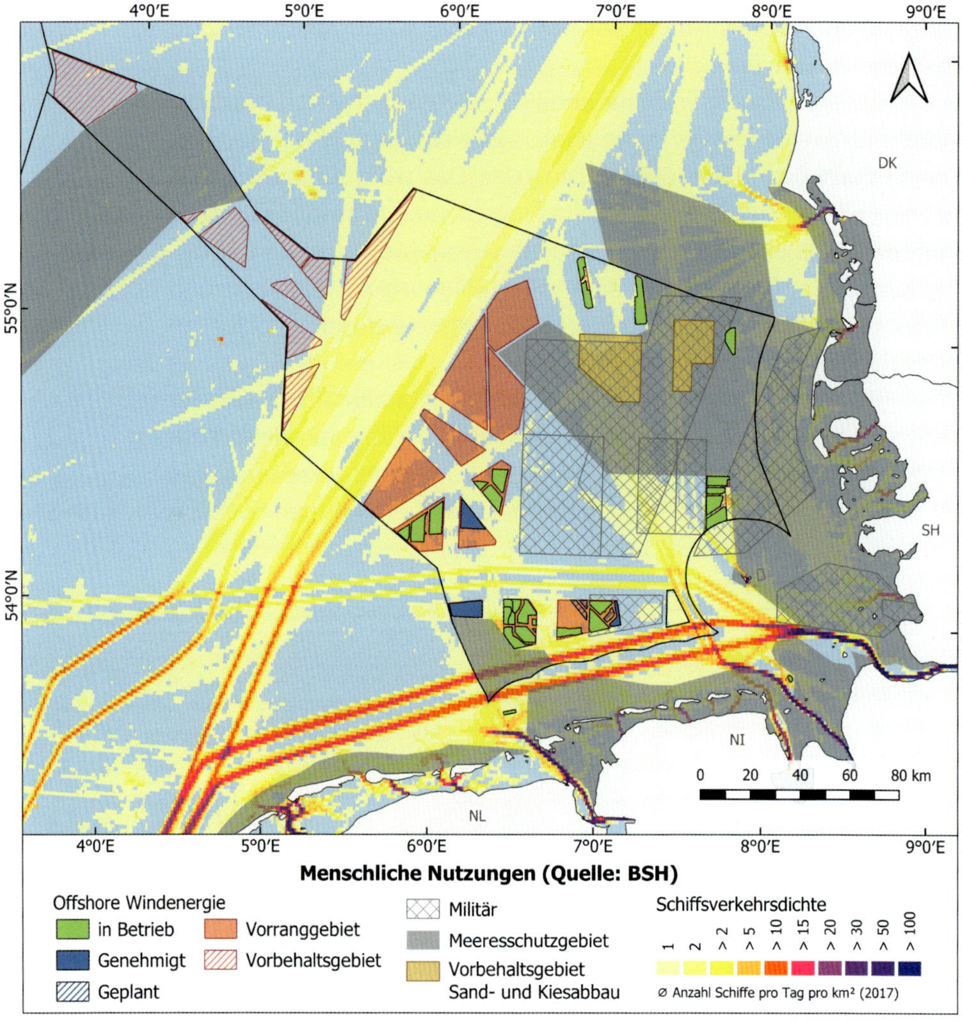

Abb. 3: Die Karte zeigt, wie der deutsche Teil der Nordsee durch den Menschen genutzt wird. Es sind nicht alle Nutzungen dargestellt, der Schwerpunkt liegt auf Offshore-Windparks, Schiffsverkehr und Militär.

Jeder kennt den berühmten Tropfen, der das Fass zum Überlaufen bringt. Leider weiß man meistens nicht im Voraus, welcher Tropfen zu welchem Zeitpunkt zu viel sein wird. Für uns Menschen erscheint das Meer wie eine grenzenlose Weite. Es gibt keine einengenden Gebäude oder Straßen wie an Land. Der Blick vom Strand bis zum Horizont simuliert endlosen Raum und es erscheint uns nur schwer vorstellbar, dass sich Mensch und Tier hier jemals in die Quere kommen könnten. Leider sieht die Realität anders aus, wie Abb. 3 verdeutlicht.

Bereits ohne Windparks wird das Meer durch den Menschen intensiv genutzt, z. B. durch Fischerei, Sand- und Kiesabbau, Schiffsverkehr, Wassersport und militärische Übungen. Jede Meeresnutzung kann Störungen von Seevögeln und anderen Meerestieren erzeugen und zu einem Scheucheffekt führen. Dadurch bleibt im deutschen Teil der Nordsee nicht mehr allzu viel Fläche übrig, in denen sich Seevögel ungestört aufhalten können. Zu den bereits vorhandenen Störquellen kommen nun auch noch die Offshore-Windparks hinzu und verkleinern den Lebensraum zusätzlich. Mit Stand April 2023 sind in der deutschen Nord- und Ostsee bereits 1537 Windenergieanlagen in 27 Windparks mit einer Gesamtleistung von 8 Gigawatt in Betrieb. Aktuelle Planungen der Bundesregierung sehen eine Zunahme um mehr als das Achtfache (!) dieser Werte vor, eine Gesamtleistung von 70 Gigawatt wird angestrebt.

Leider können nicht alle Vögel einfach einige Kilometer weiterfliegen, wenn ihre Nahrungsgründe plötzlich durch Windparks verloren gehen, denn Meer ist nicht gleich Meer, auch wenn es für uns Menschen von oben betrachtet so aussieht. Die Verfügbarkeit von Nahrung im Wasser ist abhängig vom Untergrund, von der Beschaffenheit des Meeresbodens, dem Bewuchs, den Sedimenten und der Meerestiefe. Die Hauptnahrung vieler Meeresenten besteht z. B. aus Muscheln, die sie tauchend erbeuten. Allerdings schaffen sie das nur bis zu einer Tiefe von maximal 20 Metern. So sind sie auf Flach-

Meeresenten wie hier die Eiderente (*Somateria mollissima*) sind zur Nahrungssuche auf Meeresbereiche mit geringer Wassertiefe angewiesen.

gründe angewiesen, auf denen die Muscheln innerhalb der erreichbaren Tauchstrecke vorkommen. Gerade diese Flachgründe sind wiederum für Windkraftfirmen von großem Interesse, da hier für die Fundamente der Windmühlen weniger tief gebaut werden muss, was Kosten spart. Ebenso ist es preiswerter, möglichst nah an der Küste zu bauen statt auf hoher See, weil die Kabel, durch die der Strom von den Windmühlen an Land transportiert wird, wesentlich kürzer sein können. Wie bereits erwähnt, sind aber gerade die kleineren Vogelarten durch ihren begrenzten Radius auf die küstennahen Bereiche in der Nähe ihrer Kolonien angewiesen. So ist ein Interessenkonflikt zwischen Naturschutz und Wirtschaft förmlich vorprogrammiert.

Da es in dieser Diskussion aber nicht ausschließlich um das Wohl der Seevögel geht, sondern natürlich auch andere Meeresbewohner geschützt werden sollen, muss abgewogen werden, wen was in welchem Ausmaß beeinträchtigen könnte. Dazu gehören auch Schweinswale, für die der Baulärm unter Wasser problematisch ist. Die Tiere haben ein sehr sensibles Gehör, das beim Bau von Windparks stark geschädigt werden kann. Schweinswale erzeugen mithilfe der Echolokation, ähnlich wie Fledermäuse, ein akustisches Bild ihrer Umgebung und nutzen den Schall zur Jagd, Kommunikation, Orientierung und zum Auffinden von Artgenossen und potenziellen Partnern. Durch das Rammen der Fundamente in den Meeresboden können Spitzenschallpegel von bis zu 200 Dezibel erzeugt werden. In Studien konnte nachgewiesen werden, dass das Gehör von Schweinswalen bereits ab einem Wert von 164 Dezibel geschädigt wird und Fluchtreaktionen oder Verhaltensänderungen schon bei deutlich geringeren Werten auftreten. Das Umweltbundesamt hat deshalb im Jahr 2011 ein „Duales Lärmschutzkriterium" veröffentlicht, das Schweinswale und andere Meerestiere vor solchen Lärmeinträgen bewahren soll. Beim Bau von Windparks dürfen außerhalb von 750 Metern um die Rammstelle herum ein sogenannter Schallereignispegel von 160 Dezibel (re 1yPa) und ein Spitzenschalldruck-

Aufgrund der hohen Lärmbelastung ist die Bauphase von Offshore-Windparks für Schweinswale (*Phocoena phocoena*) problematisch.

pegel von 190 Dezibel (re 1yPa) nicht mehr überschritten werden. Für den Offshore-Ausbau in der Nordsee trat das Schallschutzkonzept im Jahr 2013 in Kraft.

Lärm kann aber auch für Fische und andere Meeresbewohner gefährlich sein. Durch die entstehende Druckwelle bei starkem, impulshaften Lärm können Schwimmblasen und andere luftgefüllte Körperhöhlen verletzt werden. Die weltweite Zunahme an Geräuschpegeln in den Meeren ist besonders gefährlich, weil sich die unterschiedlichen Lärmquellen wie Schiffslärm, seismische Untersuchungen, Sonarsysteme und Rammungen gegenseitig verstärken können, also wieder kumulative Effekte erzeugen.

Wissenschaftliche Studien

Um die Auswirkungen auf die Meeresumwelt durch Offshore-Windparks in Deutschland zum ersten Mal wissenschaftlich zu untersuchen, wurde das Forschungs- und Technologiezentrum Westküste (FTZ) in Büsum von verschiedenen Bundesministerien und Bundesbehörden beauftragt, umfangreiche, mehrjährige Studien durchzuführen. Im Zentrum standen dabei folgende Fragestellungen:

1. Welche Vogelarten kommen in deutschen Gewässern der Nordsee überhaupt vor?
2. Wo kommen die verschiedenen Arten am häufigsten vor? Gibt es besonders intensiv genutzte Gebiete, die z.B. als Rast-, Mauser- oder Nahrungsgründe von besonderer Wichtigkeit für die Vögel sind?
3. Wie reagieren die einzelnen Arten auf Windparks?
4. Welche Windpark-Standorte lassen sich aus diesen Erkenntnissen heraus als besonders geeignet klassifizieren, um Störungen und Verluste möglichst niedrig zu halten?
5. Lassen sich Aussagen zu maximalen Windparkgrößen oder räumlichen Anordnungen der Windmühlen treffen, um negative Folgen für die Vogelwelt so gering wie möglich zu halten?

Ausfahrt mit dem Forschungsschiff „Littorina“ des Kieler GEOMAR.

Zu den Untersuchungsmethoden, die sich für diese Fragestellungen bestens eignen, gehört das sogenannte „Seabirds-At-Sea"-Programm (SAS). Im Rahmen dieses langjährigen Monitoringprojektes werden mehrfach im Jahr die Seevogelbestände in der Nordsee nach einer standardisierten Zählmethode von Schiffen aus erfasst. Dadurch weiß man schon lange relativ präzise, wo sich im Jahresverlauf welche Arten in welcher Menge aufhalten. Dieses Zählprogramm wurde 1979 in Großbritannien gestartet und wird bis heute von allen Nordsee-Anrainer-Staaten weitergeführt. Seit Anfang der 2000er-Jahre werden die Tiere zusätzlich von Flugzeugen aus erfasst.

Dank der großen Datensätze aus diesen Zählungen konnten bereits relativ früh geeignete Standorte für Offshore-Windparks eingegrenzt, ungeeignete aufgezeigt und sogar entsprechende Vogelschutzgebiete auf dem Meer ausgewiesen werden. Außerdem sind umfassende Vorher-Nachher-Vergleiche bei den einzelnen Windparks möglich.

Offshore-Windparks nördlich von Helgoland.

Einsatz der Logger-Technologie

Die Logger-Technologie bietet hier einen ganz neuen Ansatz, den andere Methoden nicht leisten können. Sie ersetzt die schiffs- und flugzeuggestützten Zählungen aber nicht, sondern stellt eine wertvolle Ergänzung dar. Es ist damit nämlich möglich, das Verhalten einzelner Individuen über einen längeren Zeitraum zeitlich und räumlich genau zu protokollieren. Dazu sind hochauflösende Geräte notwendig, die inzwischen als GPS-Datenlogger der neuesten Generation angeboten werden. Mit den Lichtloggern, die wir seinerzeit auf Bass Rock in Schottland eingesetzt hatten, wäre so eine Studie nicht durchführbar gewesen, da die Positionsbestimmung der Tiere viel zu ungenau wäre.

Windparks vor Helgoland

Als nördlich von Helgoland in den Jahren 2012 bis 2015 drei Windparks gebaut und 2014 bis 2015 in Betrieb genommen werden sollten, bot sich eine Logger-Studie an, um zu untersuchen, wie die Brutvögel der Insel auf das Bauvorhaben reagieren. Die Studie wurde vom Bundesministerium für Wirtschaft und Energie finanziert und Datenlogger bei Basstölpeln, Dreizehenmöwen und Trottellummen eingesetzt. Diese drei Arten sind die häufigsten Brutvögel auf Helgoland und ihre Kolonien befinden sich im Naturschutzgebiet an der Westseite der Insel. Im Jahr 2022 gab es dort 2463 Brutpaare bei den Dreizehenmöwen und 4007 Brutpaare bei den Trottellummen. Seit 1991 hat sich auch der Basstölpel auf Helgoland angesiedelt und der Bestand ist inzwischen auf 1485 Paare (Stand 2022) angewachsen.

2014 entschlossen wir uns, zunächst eine Pilotstudie durchzuführen. So nennt man eine Art Testlauf, bei dem ausprobiert werden kann, ob in der Praxis alles so funktioniert, wie man es sich für die Untersuchung überlegt hat, und zwar bevor man mit großem finanziellen Aufwand eine umfangreiche Beprobung durchführt.

Die Logger von drei Basstölpeln lieferten uns während der Aufzucht der Jungtiere schließlich Daten über mehrere Wochen. Wie sich zu unserer Überraschung herausstellte, flogen die Altvögel zwar oft in die Nähe der Windparks, aber nicht dort hinein. Sie mieden die gesamte Fläche der Parks fast vollständig. Nur ein einzelnes Tier war offenbar wenige Male durch einen der drei Windparks hindurchge-

Basstölpel mit GPS-Logger

flogen. Als wir uns die Daten der Flüge genauer anschauten, zeigte sich jedoch, dass zu diesem Zeitpunkt nur Unterwasserarbeiten an den Fundamenten stattgefunden hatten, aber noch gar keine Anlagen über der Wasseroberfläche sichtbar waren. Die beiden anderen, südlicher gelegenen Windparks waren zu diesem Zeitpunkt aber schon weitgehend fertig gebaut.

Daten von drei Tieren bilden natürlich noch keine belastbare Aussage. Jedoch war bereits in diesem frühen Untersuchungsstadium zu erkennen, dass die Basstölpel auf die neuen Industrieanlagen reagierten und sie möglicherweise sogar gezielt mieden.

Daraufhin wurden in den Jahren 2015 und 2016 die Untersuchungen fortgesetzt und nun pro Jahr jeweils 14 bis 16 Tiere über mehrere Wochen im Sommer mit Loggern ausgerüstet.

Die Ergebnisse zeigten weiterhin ein ähnliches Bild: Bis auf vereinzelte Durchflüge mieden fast alle besenderten Basstölpel die Parks. Nur einzelne Tiere flogen gezielt hinein bzw. in deren Nähe und verbrachten dort oft einige Stunden auf dem Meer.

Helgoland ist der einzige Brutplatz für Hochseevögel in Deutschland.

Auch von Trottellummen und Dreizehenmöwen, die seit Jahrzehnten zu den traditionellen Brutvögeln des Helgoländer Felsens gehören, konnten wir in den Jahren 2015 und 2016 mithilfe der Logger-Technologie Informationen sammeln. Die Lummen verhielten sich ähnlich wie die Basstölpel und mieden die Windparks weitgehend. Da diese Art aber insgesamt einen viel kleineren Aktionsradius hat, lässt sich zu den weiter entfernten Anlagen keine Aussage treffen. Auch Dreizehenmöwen bevorzugten während ihrer Nahrungsflüge die Meeresgebiete ohne Windparks.

Gewöhnungseffekte

Inzwischen haben wir über mehrere Jahre Daten zu den drei Vogelarten Basstölpel, Trottellumme und Dreizehenmöwe gesammelt. Die Ergebnisse zeigen, dass die Tiere nicht alle gleich reagieren, sondern dass es individuelle Unterschiede gibt.

Ob sich auf längere Sicht vielleicht Gewöhnungseffekte ergeben, lässt sich mit dem Einsatz von Loggern gut untersuchen, indem man das Ver-

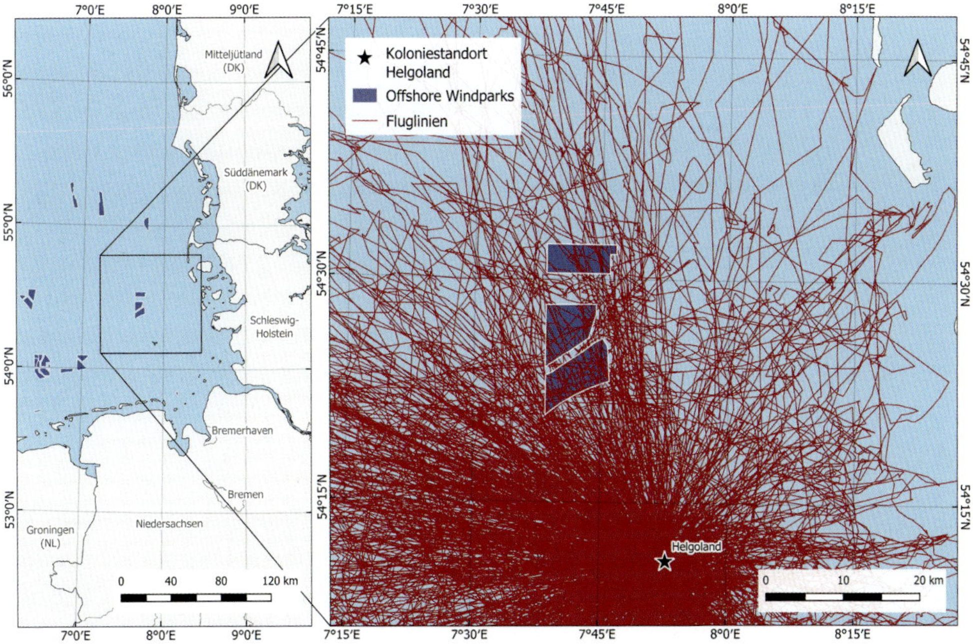

Flugrouten von 12 Basstölpeln von Mai bis August 2020. Die Vögel brüteten auf Helgoland und flogen zur Nahrungssuche sehr häufig in den Norden und Nordwesten der Insel. Die drei dort gelegenen Offshore-Windparks wurden teilweise gemieden, indem die Basstölpel um die Windparks herumflogen.

links: Trottellumme
(*Uria aalge*)

rechts: Silbermöwe
(*Larus argentatus*)

halten derselben Tiere über mehrere Jahre verfolgt. Alle besenderten Vögel werden mithilfe üblicher Metallringe aus der Vogelberingung individuell und dauerhaft markiert und können so identifiziert werden. Die Basstölpel, die seit 2014 auf Helgoland besendert wurden, waren bereits Altvögel und damit schon mindestens vier bis fünf Jahre alt. Erkennen kann man dies am Gefieder der Tiere, da sie erst dann die endgültige Färbung der Alttiere tragen, die sie dauerhaft beibehalten. Das bedeutet folglich, dass diese Vögel noch ohne Windparks auf dem Meer aufgewachsen sind, dieses Phänomen also nicht kennen. Basstölpel sind sehr nistplatztreu und kommen normalerweise jedes Jahr zur gleichen Kolonie zurück, solange sie ein ausreichendes Nahrungsangebot und eine ausreichende Anzahl an Brutplätzen vorfinden. Brüten sie weiterhin alljährlich auf Helgoland, ist es durchaus denkbar, dass sie sich an die großen Anlagen auf dem Meer gewöhnen werden.

Eine Anpassung der Art kann aber auch durch Jungvögel entstehen, die mit den Windmühlen aufwachsen und ihre Umgebung gar nicht anders kennen. Sie sind dann von Beginn an mit den Anlagen vertraut und könnten möglicherweise ein geringeres Vermeidungsverhalten zeigen. Wir werden diese Thematik in den kommenden Jahren weiter untersuchen.

Der Standort macht den Unterschied

In der Diskussion um eine nachhaltige Nutzung unseres Planeten stellte sich anfangs die grundsätzliche Frage, ob wir Offshore-Windenergie überhaupt wollen oder nicht. Die Gesellschaft und die Politik haben sich schließlich für diese Form der erneuerbaren Energien entschieden. Allerdings sollte sie dann auch möglichst wenig negative Auswirkungen für die Meeresumwelt mit sich bringen. Folglich sollten Windparks an möglichst optimalen Standorten gebaut werden, um mögliche Schäden so gering wie möglich zu halten.

Anlagen inmitten von Meeresschutzgebieten zu errichten, wie es im EU-Vogelschutzgebiet „Östliche Deutsche Bucht" bereits geschehen ist, ergibt jedoch keinen Sinn und ist keine Lösung. Schutzgebiete werden unter Berücksichtigung zahlreicher Vorgaben sehr sorgfältig ausgewählt, dienen dem Schutz der Natur und als Rückzugsraum für die Meeresbewohner. Die Idee, in diesen empfindlichen Bereichen Windkraftanlagen zu errichten, verträgt sich nicht mit dem Sinn und Zweck von Schutzgebieten. Auch die Küstenzonen, vor allem in den Bereichen von Flussmündungen und Flachwasserzonen, sind meistens sehr ungeeignet, denn sie weisen oft eine hohe Artenvielfalt auf und Windparks könnten dort starke negative Auswirkungen haben.

Geeignete Standorte sind Bereiche, die weit von der Küste entfernt liegen, keine Flachgründe beinhalten, eine geringe Artenvielfalt aufweisen und in denen seltene, besonders schützenswerte Arten kaum vorkommen. So lassen sich negative Auswirkungen von vornherein gering(er) halten. An der deutschen Nordseeküste ist die Lage der Windparks weit nördlich und nordwestlich der Ostfriesischen Inseln weitaus günstiger als die Standorte nahe Helgoland oder in den Flussmündungsbereichen.

Die Ziele der Bundesregierung wie auch der EU-Kommission, in den nächsten Jahren allein in den deutschen Meeresgebieten die Windkraft auf bis zu 70 Gigawatt Leistung auszubauen, ist im Hinblick auf den Artenschutz sehr kritisch zu sehen. Der Ausbau in dieser Größenordnung bedeutet, dass fast alle noch freien Flächen außerhalb der Schifffahrtsstrecken mit Windparks verbaut werden müssten. Das hätte zur Folge, dass die bislang erfolgreiche Auswahl an geeigneten

Flächen für Brut- und Zugvögel, die die Nordsee durchqueren müssen und auf diesen Lebensraum als Schlaf-, Rast- und Nahrungsgebiet angewiesen sind, wieder zunichte gemacht wird. So wird sogar der Bau von Windparks in sensiblen Flächen wie den Meeresschutzgebieten zur Zeit leider erneut diskutiert.

Wenn der Ausbau der Windenergie wie geplant realisiert wird, entsteht in wenigen Jahrzehnten in der Nordsee ein Industriepark von der englischen Ostküste bis zur deutsch-dänischen Westküste. Daher wäre es sehr wichtig, andere Meeresnutzungen zu reduzieren, um den Flächenbedarf zu kompensieren. Das könnte zum Beispiel durch eine Verschmälerung der großen, breiten Schifffahrtsstraßen geschehen. In diesem Zusammenhang kommt den Meeresschutzgebieten eine noch größere Bedeutung zu, da nur durch ihre erfolgreiche Schutzfunktion eine massive Verschärfung der Biodiversitätskrise verhindert werden kann. Erneuerbare Energien sind wichtig und sinnvoll, das ist völlig unstrittig. Aber neben dem Pariser Klimavertrag gibt es auch den Montreal-Vertrag zum Schutz der Biodiversität, und der ist genauso wichtig.

Ein gewöhnlicher Arbeitstag auf See bei einer „Seabirds-At-Sea"-Zählung.
Mit freundlicher Genehmigung des Zeichners Michael Frede.

Papageitaucher (*Fratercula arctica*) gehören mit ihren großen und bunten Schnäbeln zu den auffälligsten Seevögeln im Nordatlantik. Den wissenschaftlichen Gattungsnamen *Fratercula* hat der Vogel dem englischen Arzt John Caius zu verdanken. Das lateinische Wort bedeutet „kleiner Bruder", hier im Sinne von Ordensbruder, denn Caius fühlte sich beim Anblick an einen Mönch erinnert, der ein schwarzes Gewand mit Kapuze trägt. So schlug er den Namen im 16. Jahrhundert dem Schweizer Naturforscher Conrad Gessner für dessen Vogelbuch vor.

Funk Island. Diese nur 400 m x 800 m große Insel liegt etwa 60 km östlich vor der kanadischen Insel Neufundland und beherbergt mit knapp 500 000 Paaren eine der größten Trottellummen-Kolonien der Welt. Berühmt ist Funk Island auch wegen des Vorkommens von Riesenalken (*Pinguinus impennis*) bis zu deren Ausrottung im 19. Jahrhundert.

6 Citizen Science – Bürger schaffen Wissen

Das Konzept Citizen Science erfreut sich seit einigen Jahren wachsender Beliebtheit. Dabei werden wissenschaftliche Projekte durch interessierte Laien unterstützt, entweder von Einzelpersonen, Gruppen oder über Netzwerke. Unter Anleitung der Forschenden übernehmen die freiwilligen Helfer bestimmte Aufgaben wie z. B. die Meldung von Beobachtungen, die Durchführung von Fotodokumentationen oder die Auswertung von Daten. Zeitaufwändige Arbeiten können so auf viele Schultern verteilt werden. Da naturwissenschaftliche Forschung oft teure und komplizierte Technik erfordert, wurde Citizen Science zunächst vor allem in den Geisteswissenschaften genutzt. Inzwischen gibt es aber eine große Auswahl an Projekten, die auch naturwissenschaftliche Themen abdecken und zu denen auch die Logger-Technologie gehört. Wer selbst aktiv werden möchte, kann sich über das Online-Portal „Citizen Science – Bürger schaffen Wissen" für ein Projekt seiner Wahl anmelden: www.buergerschaffenwissen.de

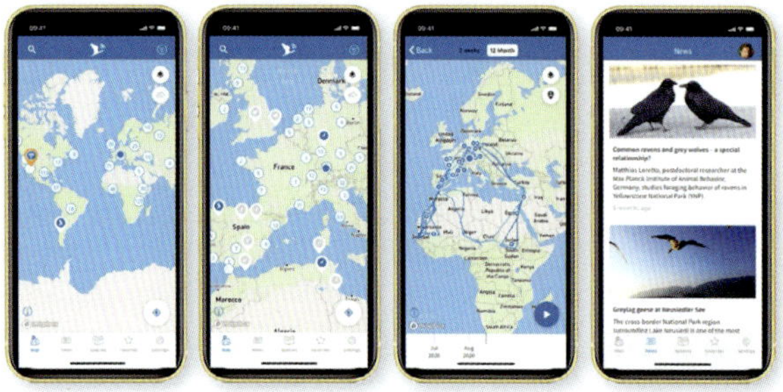

In dem Citizen Science-Projekt **ANIMAL TRACKING** geht es um die Erfassung von Wanderungen und Aktivitäten besendeter Tiere. Hier kann man sich beteiligen, indem man die Position der Tiere mithilfe einer speziellen App aufspürt und ihr Verhalten vor Ort dokumentiert. Schlafen, rasten oder fressen sie? Sind sie allein unterwegs oder in einer Gruppe? Gibt es Interaktionen zwischen den Tieren, z. B. Balzverhalten? Um die Bewegungsdaten der Logger richtig interpretieren zu können, sind solche Beobachtungen für die Forschung sehr wertvoll. Das Max-Planck-Institut für Verhaltensbiologie in Radolfzell stellt dafür die kostenlose App „Animal Tracker" für Smartphones zur Verfügung, um eigene Beobachtungen und Fotos hochzuladen und der Forschergemeinschaft zur Verfügung zu stellen. Die Daten werden in einer Datenbank gespeichert und können dann von den Wissenschaftlern für ihre Analysen genutzt werden. Weitere Informationen gibt es auf der Webseite des Max-Planck-Instituts:

https://www.icarus.mpg.de/4331/animal-tracker-app

Citizen Science in der Vogelkunde

Obwohl der Begriff Citizen Science erst in den 1990er-Jahren entstand, ist das Konzept in der Ornithologie schon lange verbreitet und über weltweite Netzwerke fest etabliert.

Zu den Anfängen gehört die Geschichte des berühmten „Christmas Bird Count“, der ersten, groß angelegten Vogelzählung in Nordamerika im 19. Jahrhundert. Traditionell fand dort jedes Jahr in den Weihnachtsferien eine große Vogeljagd statt, an deren Ende der erfolgreichste Trophäensammler mit den meisten Bälgen zum Gewinner gekürt wurde. Auch zum Jahreswechsel von 1899 auf 1900 war es wieder so weit. Allerdings hatten viele Forschende und Naturbeobachter inzwischen einen auffallenden Rückgang der Vogelbestände festgestellt und waren in großer Sorge um die verbliebenen Populationen. Der Ornithologe Frank M. Chapman versuchte, den begeisterten Jägern eine neue Weihnachtstradition schmackhaft zu machen: Die Vögel sollten nicht mehr gejagt, sondern gezählt werden. Der „Christmas Bird Count“ war geboren. Bei der ersten Zählung kamen Ergebnisse aus Toronto, Ontario, Kalifornien und dem Nordosten der USA und ergaben rund 90 Vogelarten. Bis heute wird diese weihnachtliche Vogelzählung in Nordamerika durchgeführt. So ist eine wichtige Langzeitreihe entstanden, die Wissenschaftlern und Naturschützern wertvolle Informationen darüber liefert, wie sich die Vogelwelt in Nordamerika im Verlauf der letzten hundert Jahre verändert hat. In Kombination mit weiteren Methoden, wie z. B. regelmäßigen Brutvogelzählungen, lassen sich anhand dieser Daten Schutzstrategien für gefährdete Arten und Gebiete entwickeln oder Umweltprobleme identifizieren und entsprechende Gegenmaßnahmen einleiten.

Roter Kardinal (*Cardinalis cardinalis*). Diese Art ist das Wahrzeichen (Staatsvogel) mehrerer US-Bundesstaaten.

Warum sind gerade Vögel so beliebt?

Vögel haben die Menschen schon immer fasziniert, zum Staunen gebracht und ihre Fantasie angeregt. Das liegt vor allem an ihrer speziellen Fähigkeit, fliegen zu können. Wir Menschen verbinden damit eine besondere Form grenzenloser Freiheit, die wir uns selbst auch manchmal wünschen und in ihnen stellvertretend erleben können. Aber auch das Beobachten von Vögeln in Parks oder Gärten begeistert die Menschen. Die geringe Scheu der Tiere, ihr schillerndes Gefieder, der markante Gesang und das breite Verhaltensrepertoire tragen wesentlich zu den emotionalen Begegnungen und Erlebnissen bei. In die Natur zu gehen und Vögel zu beobachten kann eine ausgesprochen entspannende Wirkung auf Körper und Seele haben, Stress abbauen, die innere Balance wiederherstellen und wie eine Kraftquelle wirken. In Begleitung oder mit einer Gruppe wird es zu einem intensiven Gemeinschaftserlebnis.

Eine Graugans-Familie auf dem Groten Diek in Großhansdorf bei Hamburg. Bei Wasservögeln lässt sich der Bruterfolg durch die leicht zu beobachtenden Familien meist gut bestimmen.

Warum sind Vögel für die Wissenschaft besonders interessant?

Die Antwort ist einfach: Weil Vögel ideale Bioindikatoren sind. Sie liefern uns wertvolle Informationen über unsere Umwelt und die Qualität der Lebensräume, in denen sie sich aufhalten. Durch ihren hohen Stoffwechsel reagieren sie schnell auf Veränderungen und registrieren negative Entwicklungen in der Natur oft früher als der Mensch. Im Gegensatz zu den meisten anderen Tiergruppen sind Vögel relativ leicht zu beobachten, da die meisten Arten tagaktiv und aufgrund ihrer Größe gut zu sehen sind. So gibt es seit Jahrzehnten eine große Schar an Hobby-Ornithologen, die verschiedene Daten sammeln und die Wissenschaft damit unterstützen. Im Rahmen langjähriger Monitoring-Studien werden Vögel regelmäßig gezählt, Bruterfolge, Koloniegrößen und Zugzeiten im Frühjahr und Herbst dokumentiert. Solche Langzeitreihen sind äußerst wertvoll, um Veränderungen über große Zeiträume zu erkennen, einzuordnen, von kurzfristigen Ereignissen zu trennen und im Fall negativer Entwicklungen entsprechende Schutzmaßnahmen zu erarbeiten. Schadstoffbelastungen aus der Umwelt lassen sich bei Vögeln gut messen, da sie, wie wir Menschen auch, am oberen Ende der Nahrungskette stehen und mit der Nahrung aufgenommene Schadstoffe sich im Organismus entsprechend anreichern

Der Wanderfalke (*Falco peregrinus*) gehört zu den schnellsten Vögeln der Welt. Im Sturzflug kann er Geschwindigkeiten von über 300 km/h erreichen, indem er die Flügel vollständig an den Rumpf anlegt.

können. Nachweisen lassen sich toxische Substanzen bei lebenden Vögeln in den Federn, Eiern oder im Blut, bei Totfunden z. B. im Fettgewebe oder in den Organen. Nicht immer haben solche Anreicherungen dramatische Auswirkungen auf Vögel, denn sie durchlaufen durch die Mauser, also den regelmäßigen Wechsel des Federkleids, eine natürliche Entgiftung, die Weibchen zusätzlich durch die Eiablage. Es gibt aber auch folgenschwere Beispiele. Eines der Bekanntesten ist der DDT-Skandal in den 1970er-Jahren. DDT (Dichlordiphenyltrichlorethan) ist ein Insektizid, welches seit Anfang der 1940er-Jahre in vielen Ländern als Pflanzenschutzmittel eingesetzt wurde. Nachdem man in Großbritannien und einigen anderen Ländern bei Greifvögeln eine ungewöhnlich hohe Menge an Brutausfällen beobachtet hatte, fand man heraus, dass die Eischalen so dünn gewesen waren, dass die Vögel sie beim Brüten mit ihrem Körpergewicht zerdrückten. Genaue Analysen ergaben, dass die Vögel stark mit DDT belastet waren. Die Eientwicklung der Vögel war dadurch so gestört, dass

Zu den wichtigsten Ursachen für den Eintrag von Plastikmüll in die Meere gehören die Verbreitung von Einwegplastik und die fehlenden Strukturen zum Sammeln und zur Verarbeitung von Abfällen.

sich keine normale Schalendicke mehr ausbilden konnte. Was für den Nachwuchs der Greifvögel tödlich endete, konnte vermutlich auch für den Menschen nicht gut sein. DDT stellte sich als krebserregend heraus und wurde schließlich in Deutschland und anderen Ländern verboten.

Besonders aktuell ist das Thema Plastikmüll im Meer. Inzwischen in aller Munde, erfolgten erste Studien dazu bereits in den 1980er-Jahren durch niederländische Wissenschaftler, die die Mageninhalte von tot angespülten Eissturmvögeln untersuchten. Dabei fanden sie auffallend viel Müll in den Mägen der Tiere, sodass aus dieser Entdeckung ein eigenes Messprogramm entstand. Eissturmvögel leben die meiste Zeit ihres Lebens auf hoher See und kommen nur für wenige Wochen im Jahr zum Brüten an Land. Ihre Kolonien liegen meist weit entfernt von der menschlichen Zivilisation. Auf ihrem Speiseplan stehen vor allem verschiedene Kleinstlebewesen wie Plankton und kleine Krebse, die sie von der Meeresoberfläche picken. Offenbar verwechseln sie den Müll im Meer mit ihrer natürlichen Nahrung, sodass es leicht zu ungesunden bis tödlichen Mengen im Magen kommt. Scharfkantige Bestandteile können außerdem zu inneren Verletzungen führen. Sind Abfälle zu groß, um über den Magen-Darm-Trakt ausgeschieden zu werden, reichern sie sich im Magen an und blockieren die Nahrungsaufnahme, bis die Tiere schließlich verhungern. Besonders erschreckend für die Forschenden war, dass ausgerechnet ein Hochseevogel solche Mengen an Plastikmüll in seinem Magen aufwies und kein Küstenvogel oder Kulturfolger. Um unsere Meere konnte es folglich nicht gut bestellt sein, was sich bei näheren Untersuchungen als traurige Wahrheit entpuppte. Heute ist die Belastung von Eissturmvögeln durch Plastikmüll einer der wichtigsten Indikatoren für den Zustand der Meeresumwelt im Nordatlantik. Auch in diesem Fall wurde man

Eissturmvögel (*Fulmarus glacialis*) sind gute Indikatoren für die Vermüllung der Meere: In ihren Mägen sammeln sich viele kleine Plastikpartikel, die sie bei der Nahrungssuche versehentlich mit aufnehmen.

also durch Vögel auf ein ernstes Problem aufmerksam, das die Meere und uns Menschen mittlerweile weltweit betrifft.

Aber nicht nur über die jeweiligen Schadstoffbelastungen können wir durch die Vogelforschung viel lernen. Als Bioindikatoren sind auch Änderungen im Verhalten der Tiere wichtige Hinweise, wie z.B. bei der Nahrungswahl und -suche, die viele Rückschlüsse auf die Beutetiere und deren Bestände zulassen. Schwenken Seevögel plötzlich auf andere Nahrung um, sollte man genauer hinschauen. Tun sie dies freiwillig, weil sich plötzlich eine neue Nahrungsquelle aufgetan hat, die viel leichter erreichbar ist? In Kapitel 5.1 haben wir bereits auf den Zusammenhang zu den künstlich erhöhten Seevogelbeständen hingewiesen, den die Fischerei durch die großen Mengen an Beifang herbeigeführt und damit den Tisch für die Vögel viele Jahre üppig gedeckt hat. Aber auch der umgekehrte Fall ist bekannt, wenn z.B. durch Überfischung die Nahrung für die Seevögel zu knapp wird und Küken während der sommerlichen Brutzeit verhungern oder sich ganze Brutkolonien auflösen und in andere Gebiete verlagern.

Vogelkunde zum Mitmachen

In Deutschland hat die Zusammenarbeit zwischen Hobby-Ornithologen und Wissenschaftlern bereits eine lange Tradition. Wer Lust hat, in die Vogelkunde hineinzuschnuppern und an Projekten mitzuwirken, dem bieten sich viele Möglichkeiten:

Eine der ältesten wissenschaftlichen Vereinigungen der Welt, die **Deutsche Ornithologen-Gesellschaft e. V. (DO-G)**, gegründet im Jahr 1850, zählt über 1500 Mitglieder und bietet eine breite Plattform, die sich von internationalen Spitzenforschenden bis hin zu ehrenamtlichen Vogelkundlern erstreckt. Die jährlichen Fachtagungen sind wertvolle Informationsbörsen sowie Gesprächsorte und dienen dem Austausch und der Fortbildung aller vogelkundlich Interessierten (http://www.do-g.de).

DO/G

Im **Dachverband Deutscher Avifaunisten e. V. (DDA)** sind die ornithologischen Verbände zusammengefasst, die sich über Deutschland verteilt in lokalen Gruppen, Vereinen und Arbeitskreisen organisieren. Aktuell sind 51 Regionalverbände beim DDA verzeichnet (https://www.dda-web.de).

DDA
Dachverband
Deutscher Avifaunisten

Bei den Mitgliedern handelt es sich in der Regel um Hobby-Ornithologen, die durch wenige hauptberufliche Mitarbeitende, meist Biologen, unterstützt werden. Der Schwerpunkt der ehrenamtlichen Arbeit ist die Erfassung der regionalen Vogelbestände und ihrer Entwicklungen. Mit der Professionalisierung des DDA und einer langfristigen Finanzierung durch Bund und Länder ist die Aufzeichnung und Überwachung der bundesweiten Vogelbestände zum Schutz der Natur und Umwelt möglich geworden.

Neben der systematischen Erfassung der Vogelbestände gibt es noch das Projekt **ornitho.de**. Dabei handelt es sich um eine Online-Plattform zur Sammlung verschiedener Vogelbeobachtungen, auch sogenannter „Gelegenheitsbeobachtungen“.

2003 startete das Programm in der Schweiz und wurde 2011 in Deutschland in Betrieb genommen, gegründet und betreut vom DDA in Zusammenarbeit mit weiteren Fachverbänden. Die Teilnahme steht allen Interessierten offen, die sich registrieren und die Regeln einhalten, die online verfügbar sind. In Anleitungen wird ausführlich erklärt, wie

Ein Schwarzbrauenalbatros (*Thalassarche melanophris*) auf dem Helgoländer Oberland im Mai 2015. Über mehrere Jahre hinweg sorgte der Besuch des exotischen Gastes, der eigentlich nur auf der Südhalbkugel vorkommt, für große Begeisterung auf der Insel.

Farbberingte Lachmöwe (*Chroicocephalus ridibundus*) im Winterkleid.

Beobachtungen gemeldet werden sollen, welche Daten besonders wichtig sind, aber auch, wie solche Daten für wissenschaftliche oder naturschutzbezogene Fragestellungen genutzt werden können. Auch Gelegenheitsbeobachtungen haben ihren wissenschaftlichen Wert. Um fehlerhafte Einträge zu vermeiden, werden alle Daten von fachkundigen Koordinatoren, die die lokale Vogelwelt bestens kennen und auch selbst viel in der Natur unterwegs sind, auf ihre Plausibilität geprüft. Verschiedene Regionalgruppen und Naturschutzvereine bieten Laien Einstiegs- und Trainingsmöglichkeiten an, um sich mit der Vogelwelt vertraut zu machen.

Besonders wertvoll sind verschiedene Beobachtungsprogramme, wenn sie miteinander verknüpft werden. Ein wichtiges Programm mit langer Tradition ist die Vogelberingung.

Die klassische Beringung mit Metallringen hat den großen Nachteil, dass die eingestanzten Kennungen normalerweise nur dann abgelesen werden können, wenn man den Vogel in der Hand hat oder auf sehr kurze Distanz beobachten kann. Das ist meist aber nur in gesonderten Fangaktionen oder in den Fangstationen möglich wie z. B. auf Helgoland, Hiddensee, der Greifswalder Oie oder Rossitten. Um auch außerhalb dieses Rahmens beringte Vögel und ihre Bewegungsmuster erfassen zu können, werden viele Artengruppen, vor allem Gänse, Schwäne und Möwen, seit vielen Jahren nach dem Fang zusätzlich mit gut sichtbaren Farbringen versehen. Diese enthalten für jeden Vogel einen individuellen Code, der auch aus größerer Entfernung ablesbar ist. Dadurch hat sich die Menge der Ringablesungen deutlich erhöht und das Wissen darüber, z. B. wie lange die Vögel leben, wann sie erstmals brüten, wo sie sich im Jahresverlauf aufhalten und ob sich diese grundlegenden Parameter über die Zeit verändern, wesentlich erweitert. Mithilfe von Populationsmodellen, für die das regelmäßige Ablesen der Ringe

Auf der Insel Langenwerder in der Wismar-Bucht, Ostsee, werden Sturmmöwen (*Larus canus*) seit den 1920er-Jahren klassisch mit Metallringen beringt. Seit 2010 werden dort auch Farbringe und seit 2016 GPS-Sender eingesetzt. Die gemeinsame Auswertung dieser Daten ermöglicht die Beantwortung verschiedenster Fragestellungen.

die Grundvoraussetzung bildet, sind nun auch Prognosen zu Bestandsentwicklungen möglich. Die Kombination von Methoden wie Tracking und Beringung ist ein großer Gewinn und verbessert die Aussagekraft erheblich.

Das Ablesen von Farbringen erfreut sich bei Vogelkundlern und Hobby-Ornithologen großer Beliebtheit. Für viele Beobachter ist es eine willkommene Gelegenheit, die Spaziergänge in der Natur oder Reisen mit einer spannenden und zielgerichteten Tätigkeit zu kombinieren. Nach der Meldung einer Beobachtung erhält man von den Programmkoordinatoren eine schnelle Rückmeldung mit interessanten Informationen, z. B. wie alt der betreffende Vogel ist, wo er beringt und sonst noch gesichtet wurde. Für dieses Programm benötigt man nur ein gutes Fernglas und/oder eine gute Kamera. Die international abgestimmten Farbberingungsprogramme werden auf der Webseite www.cr-birding.org vorgestellt, und dort sind auch die jeweiligen Ansprechpartner benannt.

ProRing e.V.

Detaillierte Informationen zur Vogelberingung, zu den Ringmeldungen sowie zu den Beringungszentralen sind auf der Webseite des Vereins **ProRing e. V.** zu finden, dem Verein der Freunde und Förderer der wissenschaftlichen Vogelberingung: www.proring.de

7 Ausblick

Die Entwicklung vom ersten Prototypen in den 1960er-Jahren bis zur großen Auswahl heutiger Datenlogger war eine faszinierende Reise, und sie ist noch lange nicht zu Ende. Die ständige Verkleinerung der Geräte und die unermüdliche Entwicklung neuer Sensoren ermöglichen die Bearbeitung immer neuer Fragestellungen und den Einsatz bei neuen Tiergruppen. Eines der zentralen Ziele wird es bleiben, Gewicht und Größe der Geräte weiter zu reduzieren, um auch kleine Tiere ausrüsten zu können. Wichtig ist auch, die Speicherkapazität der Geräte zu erhöhen und große Datenmengen auch mit kleinsten Loggern automatisch über Mobilfunk, Satelliten und andere Systeme digital übertragen zu können.

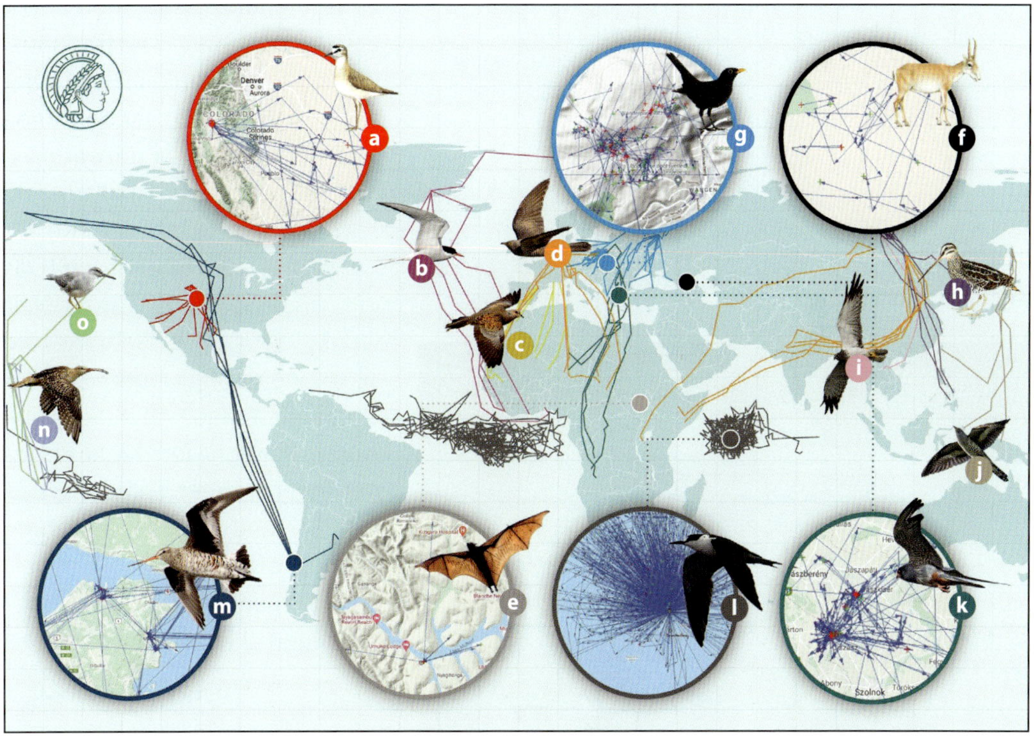

Übersicht über die Wanderungen von 15 verschiedenen Vogel- und Säugetierarten, die von März bis November 2021 von der Internationalen Forschungskooperation ICARUS (International Cooperation for Animal Research Using Space) an Bord der Internationalen Raumstation (ISS) aufgezeichnet wurden.

a Bergregenpfeifer (*Charadrius montanus*)
b Küstenseeschwalbe (*Sterna paradisaea*)
c Turteltaube (*Streptopelia turtur*)
d Kuckuck (*Cuculus canorus*)
e Palmenflughund (*Eidolon helvum*)
f Saigaantilope (*Saiga tatarica*)
g Amsel (*Turdus merula*)
h Waldbekassine (*Gallinago megala*)
i Mangrovenweihe (*Circus spilonotus*)
j Hopfkuckuck (*Cuculus optatus*)
k Rotfußfalke (*Falco vespertinus*)
l Rußseeschwalbe (*Onychoprion fuscatus*)
m Hudsonschnepfe (*Limosa haemastica*)
n Borstenbrachvogel (*Numenius tahitiensis*)
o Wanderwasserläufer (*Tringa incana*)

Die technischen Fortschritte in der Logger-Entwicklung führen dazu, dass inzwischen sogar Insekten besendert werden können. Im Bild ein Admiral (*Vanessa atalanta*) mit einem Radiotelemetrie-Sender, der über Solarzellen zur Aufladung der internen Batterie verfügt (Technische Werkstätten der Universität Konstanz).

Das von Prof. Martin Wikelski (Max-Planck-Institut für Verhaltensbiologie, Radolfzell) initiierte Projekt ICARUS erweiterte durch die Installation einer Antenne auf der Internationalen Raumstation (ISS) die Möglichkeiten zur globalen Beobachtung von Tierwanderungen und Verbreitung von Arten. Solche internationalen Netzwerke und Forschungsprogramme werden heutzutage immer wichtiger, um weltweite Phänomene und Mechanismen zu verstehen. Dazu gehören beispielsweise die Übertragungswege von Krankheiten, aber auch Verhaltensänderungen von Tieren, die als Frühwarnsystem zur Vorhersage von Katastrophen nützlich sind. Auch für die Einrichtung dringend benötigter Rückzugs- und Schutzgebiete für bedrohte Tierarten sind solche Daten von großer Bedeutung. Das gilt insbesondere für bisher wenig erforschte Gebiete, die sehr weitläufig oder schwer zugänglich sind. Aber auch die Auswirkungen von Klimaveränderungen können so über große Gebiete und längere Zeiträume hinweg erfasst und lokale Veränderungen besser von großräumigen Phänomenen unter-

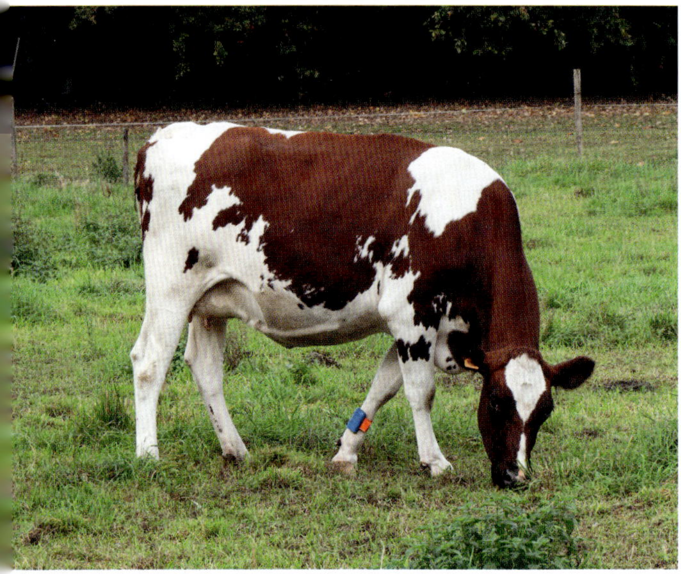

GPS-Logger sind heutzutage auch für Haus- und Nutztiere, wie hier in der Rinderhaltung, zu erschwinglichen Preisen erhältlich.

Visualisierung des globalen Netzwerks und des Austauschs von Satellitendaten. Mittels dieser Technologie können umfangreiche Daten von Tieren weltweit erfasst und analysiert werden.

schieden werden. Umfangreiche Datenmengen, die durch internationale Kooperationen gewonnen werden, ermöglichen wiederum die Erstellung von Modellen, um Vorhersagen treffen zu können.

Die spannende Entwicklungsgeschichte der Datenlogger zeigt nicht nur den revolutionären Wissenszuwachs im Verlauf der letzten Jahrzehnte, sondern auch die enormen Einsatzmöglichkeiten, die Logger mittlerweile auch außerhalb der Forscherwelt bieten.

Die Entwicklung, die als reine Grundlagenforschung begann, ist ein anschauliches Beispiel dafür, welchen Nutzen sie schließlich für die Allgemeinheit haben kann. Waren die ersten Logger-Generationen für die breite Bevölkerung weder finanziell erschwinglich noch in der Anwendung geeignet, so bietet der Markt heute eine Vielzahl preiswerter und bedienerfreundliche Geräte für den privaten und gewerblichen Einsatz. Wer wissen will, wohin sich das entlaufene Pferd vergaloppiert hat, wo der neugierige Streuner gerade seinen Jagdtrieb auslebt oder wo sich der verliebte Kater zum nächtlichen Rendezvous verabredet, greift einfach zum günstigen GPS-Tracker, und schon landen die Informationen bequem auf dem Smartphone. Wer seinen Viehbestand schützen und das Wohlergehen seiner Nutz-

Monarchfalter (*Danaus plexippus*) gehören zu den auffälligsten Schmetterlingen in Nordamerika. Die Tiere führen Wanderungen bis zu mehreren tausend Kilometer zwischen ihren Sommer- und Wintergebieten durch. Im Bild ein Monarchfalter mit einem Radiotelemetrie-Sender.

tiere im Auge behalten muss, kann sich mit etwas größeren Geräten sogar eine ganze Reihe an Parametern auf das Smartphone oder den Computer senden lassen: Neben der genauen Position jedes Tieres liefern spezielle Bewegungssensoren auch Hinweise auf ungewöhnliche Bewegungs- und Verhaltensmuster, um verletzte oder lahmende Tiere zu lokalisieren.

Für die Forschung sind aber vor allem Vögel als gute Bioindikatoren gefragt. Die Entschlüsselung ihrer Lebensweise, Überlebensstrategien und Rolle in den Ökosystemen kann wesentlich dazu beitragen, unser Wissen über das Leben auf der Erde ständig zu erweitern, den Einfluss des Menschen auf die Natur genauer vorherzusagen und negative Folgen zu vermeiden oder zumindest abzumildern.

Die Logger-Technologie wird dabei auch in Zukunft einen zentralen Stellenwert einnehmen.

8 Literatur

Kapitel 1

Bairlein F, Dierschke J, Dierschke V, Salewski V, Geiter O, Hüppop K, Köppen U, Fiedler W (2014) Atlas des Vogelzuges. Ringfunde deutscher Brut- und Gastvögel. Aula-Verlag, Wiebelsheim.

Kooyman GL (1969) The Weddell Seal. Scientific American 221: 100–107.

Kooyman GL, Gentry RL, Urguhart DL (1976) Northern Fur Seal diving behavior: a new approach to its study. Science 193: 411–412.

Wilson RP (1995) The foraging ecology of penguins. In: Williams TD (ed) Penguins. Oxford University Press, Oxford, S. 81–106.

Wilson RP, Shepard ELC, Liebsch N (2008) Prying into the intimate details of animal lives: use of a daily diary on animals. Endangered Species Research 4: 123–137.

Kapitel 3

Burger AE, Shaffer SA (2008) Application of tracking and data-logging technology in research and conservation of seabirds. Auk 125: 253–264.

Garthe S, Benvenuti S, Montevecchi WA (2000) Pursuit-plunging by Northern Gannets (*Sula bassana*) feeding on Capelin (*Mallotus villosus*). Proceedings of the Royal Society London, Biological Sciences 267: 1717–1722.

Garthe S, Grémillet D, Furness RW (1999) At-sea-activity and foraging efficiency in chick-rearing Northern Gannets (*Sula bassana*): a case study in Shetland. Marine Ecology Progress Series 185: 93–99.

Garthe S, Peschko V, Kubetzki U, Corman A-M (2017) Seabirds as samplers of the marine environment – a case study in Northern Gannets. Ocean Science 13: 337–347.

Hill RD (1994) Theory of geolocation by light levels. In: Le Boeuf BJ, Laws RM (eds) Elephant Seals: Population Ecology, Behavior, and Physiology. University of California Press, Berkeley, S. 227–236.

Jouventin P, Weimerskirch H (1990) Satellite tracking of Wandering Albatrosses. Nature 343: 746–748.

Kooyman GL (1965) Techniques used in measuring diving capacities of Weddell Seals. Polar Record 12: 391–394.

Kooyman GL (1966) Maximum diving capacities of the Weddell Seal, *Leptonychotes weddelli*. Science 151: 1553–1554.

Kooyman GL, Kooyman TG (1995) Diving behavior of Emperor Penguins nurturing chicks at Coulman Island, Antarctica. Condor 97: 536–549.

Kubetzki U (2013) Eine Erfolgsgeschichte: Datenlogger in der Seevogelforschung. Falke 60: 92–98.

Peters G (1997) Die Regulation der Verdauungsprozesse bei Pinguinen (Spheniscidae). Dissertation, Universität Kiel.

Peters G (1997) A new device for monitoring gastric pH in free-ranging animals. American Journal of Physiology 273: G748–G753.

Phillips RA, Silk JRD, Croxall JP, Afanasyev V, Briggs DR (2004) Accuracy of geolocation estimates for flying seabirds. Marine Ecology Progress Series 266: 265–272.

Ropert-Coudert Y, Wilson RP (2005) Trends and perspectives in animal-attached remote sensing. Frontiers in Ecology and the Environment 3: 437–444.

Shaffer SA, Tremblay Y, Awkerman JA, Henry RW, Teo SLH, Anderson DJ, Croll DA, Block BA, Costa DP (2005) Comparison of light- and SST-based geolocation with satellite telemetry in free-ranging albatrosses. Marine Biology 147: 833–843.

Wilson RP, Ducamp JJ, Rees WG, Culik BM, Niekamp K (1992) Estimation of location: global coverage using light intensity. In: Priede IG, Swift SM (eds) Wildlife telemetry: remote monitoring and tracking of animals. Ellis Horwood, New York, S. 131–134.

Wilson RP, Grémillet D, Syder J, Kierspel MAM, Garthe S, Weimerskirch H, Schäfer-Neth C, Scolaro JA, Bost C-A, Plötz J, Nel D (2002) Remote-sensing systems and seabirds: their use, abuse and potential for measuring marine environmental variables. Marine Ecology Progress Series 228: 241–261.

Wilson RP, Weimerskirch H, Lys P (1995) A device for measuring seabird activity at sea. Journal of Avian Biology 26: 172–175.

Weißwangengänse (*Branta leucopsis*) brüten in der Arktis und überwintern in großer Zahl an der südlichen Nordseeküste. Durch GPS-Besenderung kennen wir ihre Zugwege über die Ostsee und die angrenzenden Länder inzwischen sehr genau.

Im April ziehen die Brachvögel (*Numenius arquata*) aus dem Wattenmeer in die Brutgebiete im Nordwesten von Russland. Dank der GPS-Sender kennen wir nicht nur ihre Zugrouten, sondern auch die Flughöhen. Dadurch lassen sich auch mögliche Kollisionsrisiken mit Windenergieanlagen berechnen und bei weiteren Standortplanungen berücksichtigen.

Kapitel 4

Phillips RA, Xavier JC, Croxall JP, Burger AE (2003) Effects of satellite transmitters on albatrosses and petrels. Auk 120: 1082–1090.

Vandenabeele SP, Shepard EL, Grogan A, Wilson RP (2012) When three per cent may not be three per cent; device-equipped seabirds experience variable flight constraints. Marine Biology 159: 1–14.

Vandenabeele SP, Wilson RP, Grogan A (2011) Tags on seabirds: how seriously are instrument-induced behaviours considered? Animal Welfare 20: 559–571.

Wilson RP, McMahon CR (2006) Measuring devices on wild animals: what constitutes acceptable practices? Frontiers in Ecology and the Environment 4: 147–154.

Kapitel 5.1

Camphuysen CJ, van der Meer J (2005) Wintering seabirds in West Africa: foraging hotspots off Western Sahara and Mauritania driven by upwelling and fisheries. African Journal of Marine Science 27: 427–437.

Fort J, Pettex E, Tremblay Y, Lorentsen S-H, Garthe S, Votier S, Pons JB, Siorat F, Furness RW, Grecian WJ, Bearhop S, Montevecchi WA, Grémillet D (2012) Meta-population evidence of oriented chain migration in Northern Gannets (*Morus bassanus*). Frontiers in Ecology and the Environment 10: 237–242.

Garthe S, Camphuysen CJ, Furness RW (1996) Amounts of discards by commercial fisheries and their significance as food for seabirds in the North Sea. Marine Ecology Progress Series 136: 1–11.

Garthe S, Ludynia K, Hüppop O, Kubetzki U, Meraz JF, Furness RW (2012) Energy budgets reveal equal benefits of varied migration strategies in northern gannets. Marine Biology 159: 1907–1915.

Hudson AV, Furness RW (1988) Utilization of discarded fish by scavenging seabirds behind whitefish trawlers in Shetland. Journal of Zoology (London) 215: 151–166.

Kubetzki U, Garthe S, Fifield D, Mendel B, Furness RW (2009) Individual migratory schedules and wintering areas of northern gannets. Marine Ecology Progress Series 391: 257–265.

Nelson JB (2002) The Atlantic gannet. Fenix Books, Norfolk.

Oro D (1996) Effects of trawler discard availability on egg laying and breeding success in the Lesser Black-backed Gull *Larus fuscus* in the western Mediterranean. Marine Ecology Progress Series 132: 43–46.

Oro D, Genovart X, Ruiz X, Jiménez J, García-Gans J (1996) Differences in diet, population size and reproductive performance between two colonies of Audouin's Gull *Larus audouinii* affected by a trawler moratorium. Journal of Avian Biology 27: 245–251.

Kapitel 5.2

Chardine JW, Rail J-F, Wilhelm S (2013) Population dynamics of northern gannets in North America, 1984–2009. Journal of Field Ornithology 84: 187–192.

Department of Fisheries and Oceans (2017) Assessment of the Atlantic Mackerel Stock for the Northwest Atlantic (Subareas 3 and 4) in 2016. DFO Canadian Science Advisory Secretariat Science Advisory Report 2017/034.

Kraniche (*Grus grus*) haben in Norddeutschland in den letzten Jahrzehnten deutlich im Brutbestand zugenommen. Über ihr Zugverhalten, z. B. über die Ostsee zwischen Südschweden und Mecklenburg-Vorpommern, haben wir durch Besenderungen viele aktuelle Informationen.

Garthe S, Benvenuti S, Montevecchi WA (2003) Temporal patterns of foraging activities of northern gannets, *Morus bassanus*, in the northwest Atlantic Ocean. Canadian Journal of Zoology 81: 453–461.

Garthe S, Guse N, Montevecchi WA, Rail J-F, Grégoire F (2014) The daily catch: Flight altitude and diving behavior of northern gannets feeding on Atlantic mackerel. Journal of Sea Research 85: 456–462.

Garthe S, Montevecchi WA, Chapdelaine G, Rail J-F, Hedd A (2007) Contrasting foraging tactics by northern gannets (*Sula bassana*) breeding in different oceanographic domains with different prey fields. Marine Biology 151: 687–694.

Guillemette M, Grégoire F, Bouillet D, Rail J-F, Bolduc F, Caron A, Pelletier D (2018) Breeding failure of seabirds in relation to fish depletion: Is there one universal threshold of food abundance? Marine Ecology Progress Series 587: 235–245.

Montevecchi WA, Regular PM, Rail J-F, Power K, Mooney C, D'Entremont KJN, Garthe S, Guzzwell L, Wilhelm S (2021) Ocean heat wave induces breeding failure at the southern breeding limit of the northern gannet *Morus bassanus*. Marine Ornithology 49: 71–78.

Rail J-F, Champoux L, Lavoie RA, Chapdelaine G (2013) Monitoring of the population and contamination of the northern gannet in Quebec, 1966–2009. Canadian Wildlife Service Technical Report 528, 97 S.

Studholme AL, Packer DB, Berrien PL, Johnson DL, Zetlin CA, Morse WW (1999) Essential fish habitat source document: Atlantic mackerel, *Scomber scombrus*, Life history and habitat characteristics. NOAA Technical Memorandum NMFS-NE-141.

Van Beveren E, Plourde S, Pepin P, Cogliati K, Castonguay M (2023) A review of the importance of various areas for northern contingent West-Atlantic mackerel spawning. ICES Journal of Marine Science 80: 1–15.

Kapitel 5.3

Borkenhagen K, Corman A-M, Garthe S (2018) Estimating flight heights of seabirds using optical rangefinders and GPS data loggers: a methodological comparison. Marine Biology 165: 17.

Bundesministerium für Umwelt, Naturschutz und Reaktorsicherheit (2013) Konzept für den Schutz der Schweinswale vor Schallbelastungen bei der Errichtung von Offshore-Windparks in der deutschen Nordsee (Schallschutzkonzept). 33 S.

Dierschke J, Dierschke V, Mercker M (2023) Brutbestandsentwicklung von See- und Küstenvögeln auf Helgoland. Vogelwelt 141: 3–22.

Dierschke V, Furness RW, Garthe S (2016) Seabirds and offshore wind farms in European waters: avoidance and attraction. Biological Conservation 202: 59–68.

Garthe S, Hüppop O (2004) Scaling possible adverse effects of marine wind farms on seabirds: developing and applying a vulnerability index. Journal of Applied Ecology 41: 724–734.

Garthe S, Markones N, Corman A-M (2017) Possible impacts of offshore wind farms on seabirds: a pilot study in Northern Gannets in the southern North Sea. Journal of Ornithology 158: 345–349.

Garthe S, Markones N, Mendel B, Sonntag N, Krause J (2012) Protected areas for seabirds in German offshore waters: designation, retrospective consideration and current perspectives. Biological Conservation 156: 126–135.

Garthe S, Schwemmer H, Peschko V, Markones N, Müller S, Schwemmer P, Mercker M (2023) Large scale effects of offshore wind farms on seabirds of high conservation concern. Scientific Reports 13: 4779.

Kubetzki U, Garthe S, Hüppop O (2011) Auswirkungen auf See- und Zugvögel: Offshore-Windenergieanlagen. Falke 58: 490–494.

Mendel B, Schwemmer P, Peschko V, Müller S, Schwemmer H, Mercker M, Garthe S (2019) Operational offshore wind farms and associated ship traffic cause profound changes in distribution patterns of loons (*Gavia* spp.). Journal of Environmental Management 231: 429–438.

Perrow MR (2019, ed) Wildlife and windfarms, conflicts and solutions. Vol 3: Offshore: Potential effects. Pelagic Publishing, Exeter.

Peschko V, Mendel B, Mercker M, Dierschke J, Garthe S (2021) Northern gannets (*Morus bassanus*) are strongly affected by operating offshore wind farms during the breeding season. Journal of Environmental Management 279: 111509.

Peschko V, Mendel B, Müller S, Markones N, Mercker M, Garthe S (2020) Effects of offshore windfarms on seabird abundance: strong effects in spring and in the breeding season. Marine Environmental Research 162: 105157.

Skuas (*Stercorarius skua*) verbringen fast ihr gesamtes Leben auf dem Meer. Durch Lichtlogger-Studien wissen wir, dass die in Nordeuropa brütenden Vögel zwischen Irland und Nordwestafrika im östlichen sowie in Kanada im westlichen Atlantik überwintern.

Peschko V, Mercker M, Garthe S (2020) Telemetry reveals strong effects of offshore wind farms on behaviour and habitat use of common guillemots (*Uria aalge*) during the breeding season. Marine Biology 167: 118.

Schwemmer P, Mendel B, Sonntag N, Dierschke V, Garthe S (2011) Effects of ship traffic on seabirds in offshore waters: implications for marine conservation and spatial planning. Ecological Applications 21: 1851–1860.

Kapitel 6

Bairlein F (2022) Das große Buch vom Vogelzug. Eine umfassende Gesamtdarstellung. Aula-Verlag, Wiebelsheim.

Furness RW, Greenwood JJD (1993, eds.) Birds as monitors of environmental change. Chapman & Hall, London.

Ratcliffe DA (1967) Decrease in eggshell weight in certain birds of prey. Nature 215: 208–210.

van Franeker JA (1985) Plastic ingestion in the North Atlantic fulmar. Marine Pollution Bulletin 16: 367–369.

van Franeker JA, Kühn S, Anker-Nilssen T, Edwards EWJ, Gallien F, Guse N, Kakkonen JE, Mallory ML, Miles W, Olsen KO, Pedersen J, Provencher J, Roos M, Stienen E, Turner DM, van Loon WMGM (2021) New tools to evaluate plastic ingestion by northern fulmars applied to North Sea monitoring data 2002–2018. Marine Pollution Bulletin 166: 112246.

Wahl J, König C (2021) Revolution der Sammlung von Vogelbeobachtungen in Deutschland: 10 Jahre ornitho.de. Falke 2021 (11): 12–19.

Wink M (2013) Ornithologie für Einsteiger. Springer-Verlag, Berlin.

Kapitel 7

Jetz W, Tertitski G, Kays R, Mueller U, Wikelski M et al. (2022) Biological Earth observation with animal sensors. Trends in Ecology & Evolution 37: 293–298.

9 Danksagung

Zahlreiche Menschen haben uns auf unserem Weg begleitet und direkt oder indirekt zu der Entstehung dieses Buches beigetragen. Ihnen allen sei an dieser Stelle sehr herzlich gedankt. Leider können wir nicht alle namentlich aufzählen, möchten jedoch die nachfolgenden Personen erwähnen, denen wir unseren besonderen Dank aussprechen (in alphabetischer Reihenfolge):

Prof. Dr. Dieter Adelung, Mercedes Beste, Prof. Dr. Franciscus Colijn, Prof. Dr. Kathrin Dausmann, Dr. Wolfgang Fiedler, Prof. Dr. Robert W. Furness, Prof. Dr. Jörg Ganzhorn, Dr. Julian Glos, Dr. David Gremillet, Mirko Hauswirth, Bernd Heinze, Dr. Veit Hennig, Mandy Kierspel, Daniela Koch, Prof. Dr. Guillermo Luna, Prof. Dr. Roberto Mayerle, Thomas Merck, Prof. Dr. William A. Montevecchi, Dr. Verena Peschko, Dr. Gerrit Peters, Dr. Klemens Pütz, Jean-Francois Rail, Prof. Dr. Dietrich Schnack, Dr. Gerhard Schultheiß, Dr. Philipp Schwemmer, Prof. Dr. Scott Shaffer, Dr. Alejandro Simeone, Dr. Matthias Steitz, Sarah Vieten, Prof. Dr. Martin Wikelski, Prof. Dr. Rory P. Wilson, Dr. Ramunas Zydelis.

Außerdem danken wir sehr herzlich den Mitgliedern der ehemaligen Abteilung Meereszoologie am Institut für Meereskunde Kiel (jetzt GEOMAR Helmholtz-Zentrum für Ozeanforschung), den Mitgliedern der Abteilung Tierökologie, Naturschutz & Wissenschaftskommunikation sowie den Mitarbeiterinnen und Mitarbeitern des Forschungs- und Technologiezentrums Westküste (FTZ) der Universität Kiel.

Für die gute Zusammenarbeit geht unser Dank auch an die Mitarbeitenden der Firmen Ornitela, e-obs und Earth & Ocean Technologies. Die Durchführung der Arbeiten wäre ohne die umfangreichen Projektfinanzierungen durch das Bundesamt für Naturschutz, das Bundesministerium für Wirtschaft und Klima, das Bundesministerium für Bildung und Forschung, das Bundesministerium für Umwelt, Naturschutz, nukleare Sicherheit und Verbraucherschutz, die Europäische Kommission, die Volkswagen-Stiftung, die Deutsche Forschungsgemeinschaft und die Niedersächsische Wattenmeerstiftung nicht möglich gewesen.

Desweiteren hat das Buch sehr von den Durchsichten und Verbesserungsvorschlägen von Dr. Gerrit Peters, Henriette Schwemmer, Dr. Philipp Schwemmer und Sarah Vieten profitiert. Ein besonderes Dankeschön gilt unserer Lektorin Maren Schönfeld. Mit großer Motivation bearbeitete sie unsere Texte, machte wertvolle Verbesserungsvorschläge und trug sehr zum Gelingen bei. Karena Haecker erstellte die Abb. auf den Seiten 74, 82 und 89. Technische Unterstützung und Beratung gewährte uns der Aula-Verlag. Hier danken wir besonders Georg Grothe für seinen unermüdlichen Einsatz, viele Anregungen und Ideen und die gelungene Umsetzung bei der Gestaltung des Buches. Fabian Kaschinski danken wir für das sorgsame Endlektorat.

Zur Nahrungssuche fliegen Eissturmvögel während der Brutzeit mitunter mehrere hundert Kilometer weit auf See.

Bildnachweis

Abkürzungen
o: oben, u: unten, li: links, re: rechts

Archiv Rory Wilson 27
Borkenhagen, K. 79, 86, 88 o
Dierschke, J. 8
Frede, M. 92
Garthe, S. 6, 25, 40, 41, 42, 44, 45, 46, 47 o, 51, 55, 56, 58, 59, 61, 62, 63, 65, 67, 68, 70, 72, 73, 75, 76, 77, 78, 80, 83, 85, 88 u, 90, 93, 95, 96, 98, 100, 101, 102, 108, 109, 110, 112, 113, 119 u
Koch, D. 24
Kubetzki, U. 30, 32, 33, 34, 39, 47 u, 48, 49, 50, 52, 53, 54, 71, 119 o
MaxCine, Max-Planck-Institut für Verhaltensbiologie 106
Wikelski, M. 104 o

Adobe Stock Bilder
photo - stock.adobe.com 7
Dan Kosmayer - stock.adobe.com 23 o
Daniel Meunier - stock.adobe.com 69
Designpics - stock.adobe.com 22
dieter76 - stock.adobe.com 66 o
DimazelS - stock.adobe.com 11
Ding - stock.adobe.com 64
Farantsa - stock.adobe.com 104 u
Fidaolga - stock.adobe.com 15
Gabrielle - stock.adobe.com 9
Harry Collins - stock.adobe.com 97 o
Laufer - stock.adobe.com 99
Marc - stock.adobe.com 29
merklicht.de - stock.adobe.com 21
Minde and I - stock.adobe.com 17
Mister G.C. - stock.adobe.com 18
Moonrise - stock.adobe.com 37
mvc_stock - stock.adobe.com 31
Nick Dale - stock.adobe.com 26
Nosyrevy - stock.adobe.com 66 u
Paul - stock.adobe.com 23 u
penofoto.de - stock.adobe.com 12
Photorebelle - stock.adobe.com 60 li
sbw19 - stock.adobe.com 38
Sdecoret - stock.adobe.com 105
Silver- stock.adobe.com 10
Sony Herdiana - stock.adobe.com 97 u
Spencer - stock.adobe.com 60 re
Tomertu - stock.adobe.com 19
Yuryimaging - stock.adobe.com 13

Diagramme und Karten
S. 28: Verändert nach Kubetzki (2013), Falke 60: 92-98
S. 35: Verändert nach doi: 10.5194/os-13-337-2017
S. 57: Kubetzki (2013), Falke 60: 92-98
S. 74: Kartengrundlage: IHO World Seas v.3 und GADM Database v.4.1
S. 82: Kartengrundlage: BSH CONTIS Facilities: Offshore_Windfarms und Pipelines (2023), BSH CONTIS Administration: Boundaries und Military_Practice_Areas (2019), ODIMS OSPAR Data & Information: Marine Protected Areas Network (2021), BSH Schiffsverkehrsdichte (2017), Raumordnungsplan AWZ: Offshore Wind Energy und Raw Material Extraction (2021)
S. 89: Kartengrundlage: GADM Database v.4.1 und BSH CONTIS Facilities: Offshore_Windfarms (2023)
S. 103: aus https://doi.org/10.1016/j.tree.2021.11.011

Sachregister

Die Autoren

Prof. Dr. rer. nat. Stefan Garthe ist seit Kindertagen von der Vogelkunde begeistert und engagierte sich schon früh in verschiedenen Naturschutzvereinen und in der Avifaunistik. Er studierte Biologie an den Universitäten Hamburg und Kiel und promovierte am heutigen Kieler Helmholtz-Zentrum für Ozeanforschung GEOMAR. Nach der Habilitation in Zoologie und Biologischer Meereskunde wurde er 2014 von der Universität Kiel zum Professor ernannt. Von 2004 bis 2016 war er außerdem als Adjunct Professor an der Memorial University of Newfoundland in St. John‘s, Kanada tätig. Am Forschungs- und Technologiezentrum Westküste der Universität Kiel in Büsum forscht er seit 2001 an ornithologischen Themen im Bereich Ökologie und Naturschutz. Im Rahmen internationaler Kooperationen und Forschungsprojekte in Kanada, den USA, in Chile, Schottland, Portugal und Deutschland widmet er sich intensiv der Lebensweise von See- und Küstenvögeln, basierend auf den faszinierenden Möglichkeiten durch die Anwendung von Datenloggern. 2002 bekam er den Förderpreis „Wilhelmshaven-Preis für Meeresforschung“, 2005 den „Preis der Horst-Wiehe-Stiftung der Deutschen Ornithologen-Gesellschaft“ verliehen. Von 2013 bis 2018 war er Präsident der Deutschen Ornithologen-Gesellschaft, einer der ältesten wissenschaftlichen Vereine der Welt. Er war Vorstandsmitglied der nordamerikanischen Pacific Seabird Group und Vorsitzender der European Seabirds-at-Sea Specialists‘ Group (ESAS) sowie der Seabird Ecology Working Group des Internationalen Rates für Meeresforschung (ICES). Aktuell ist er Fellow of the International Ornithologists‘ Union, Aufsichtsratsmitglied beim Dachverband Deutscher Avifaunisten, Beiratsmitglied beim Verein Jordsand und Mitglied bei Kiel Marine Science der Universität Kiel.
Webseite: https://www.ftz.uni-kiel.de/de/team/garthe-stefan

Dr. rer. nat. Ulrike Kubetzki ist als Wissenschaftlerin und Hochschuldozentin an der Universität Kiel in der Abteilung Tierökologie, Naturschutz und Wissenschaftskommunikation tätig. Sie studierte Naturwissenschaften mit Abschluss zur Diplom-Biologin und promovierte an der Christian-Albrechts-Universität zu Kiel bzw. am heutigen Kieler Helmholtz-Zentrum für Ozeanforschung GEOMAR. Dort traf sie Mitte der 1990er Jahre in der Abteilung Meereszoologie auf die einzige Pinguinforschungsgruppe in Deutschland und lernte die damals

noch wenig verbreitete Logger-Technologie kennen, die die Wissenschaft förmlich revolutionierte. Die Faszination für Meeresvögel führte sie auf zahlreiche Reisen von Europa und Übersee bis in die Arktis und Antarktis. An der Freien Journalistenschule (FJS) in Berlin schloss sie ein Zweitstudium zur Fachjournalistin für Wissenschaft und Kultur ab. Sie war mehrere Jahre Redaktionsmitglied sowie Herausgeberin der Berichte zum Vogelschutz, Mitglied der Working Group on Seabird Ecology bei ICES (Internationaler Rat für Meeresforschung) sowie Mitglied der Leitung des Arbeitskreises Ornithologie an der Staatlichen Vogelschutzwarte Hamburg. Sie ist Beiratsmitglied der Interdisciplinary Master School of Marine Sciences (iMSMS) sowie Mitglied von Kiel Marine Science (KMS), dem Zentrum für interdisziplinäre Meereswissenschaften an der Universität Kiel. KMS bildet als organisatorische Einheit die Plattform für natur- und geisteswissenschaftlich arbeitende Forschende, die sich mit den Meeren und deren Einfluss auf die Menschheit beschäftigen. Seit 2022 ist sie Mitglied in der Fachredaktion der Zeitschrift „DER FALKE – Journal für Vogelbeobachtung".
Webseite: https://www.ftz.uni-kiel.de/de/team/kubetzki-ulrike